U0263474

宁夏高等学校一流学科建设（草学学科）项目（NXYLXK2017A01）资助

宁夏植物图鉴

（第二卷）

李小伟　吕小旭　黄文广　**主编**

科学出版社

北　京

内 容 简 介

　　《宁夏植物图鉴》（共4卷）是一部全面、系统介绍宁夏植物区系的专业图鉴。本卷（2）共收集宁夏维管植物19科122属413种（包括种下等级），在内容上用简洁的文字介绍了每种植物的中文名、拉丁名、科属分类、形态特征、产地和生境，同时借助彩色图片对每种植物的生境、叶、花和果等特征进行了全面展示，弥补传统植物志的不足，便于读者识别和掌握植物主要特征。本书集实用性、科学性和科普性于一体，是对宁夏植物区系的重要归纳与总结。

　　本书对深入研究宁夏植物分类和区系生态地理具有重要的科学意义，可为科研、教学、环保和管理部门的工作提供参考。

图书在版编目（CIP）数据

　　宁夏植物图鉴. 第2卷 / 李小伟，吕小旭，黄文广主编. —北京：科学出版社，2020.7

　　ISBN 978-7-03-065326-0

　　Ⅰ.①宁⋯ Ⅱ.①李⋯ ②吕⋯ ③黄⋯ Ⅲ.①植物–宁夏–图集 Ⅳ.①Q948.524.3-64

　　中国版本图书馆CIP数据核字（2020）第091482号

责任编辑：刘　畅 / 责任校对：严　娜
责任印制：师艳茹 / 封面设计：铭轩堂

科学出版社 出版

北京东黄城根北街 16 号
邮政编码：100717
http://www.sciencep.com

北京汇瑞嘉合文化发展有限公司印刷
科学出版社发行　各地新华书店经销

*

2020 年 7 月第 一 版　开本：787×1092　1/16
2020 年 7 月第一次印刷　印张：14 1/4
字数：365 000

定价：168.00 元
（如有印装质量问题，我社负责调换）

《宁夏植物图鉴》编委会

编　　委：李小伟　吕小旭　黄文广　林秦文　朱　强　窦建德

　　　　　黄　维　翟　浩　王继飞　余　殿　刘　超　李志刚

　　　　　李建平　田慧刚　杨　慧　杨君珑　李亚娟　余海燕

　　　　　袁彩霞　王　蕾　马丽娟　马惠成　刘万第　王文晓

　　　　　李静尧　马红英　闫　秀　赵映书　赵　祥　曹怀宝

　　　　　师　斌　王　冲　杨　健　李庆波　任　佳　徐志鹏

　　　　　曹　晔　田育蓉　张嘉玉　刘慧远

摄　　影：李小伟　吕小旭　林秦文　朱　强

本册主编：李小伟　吕小旭　黄文广

副 主 编：黄　维　李建平　王继飞　余　殿　刘　超

参编人员：马惠成　刘万第　王文晓　李静尧　马红英

　　　　　闫　秀　师　斌　赵映书　赵　祥　曹怀宝

　　　　　李亚娟

前　言

宁夏回族自治区位于中国西北内陆东部，黄河中游上段，辖区范围东经104°17′~107°39′，北纬35°14′~39°23′，全区土地总面积为 6.64 万 km²，是中国半湿润区、半干旱区向干旱区的过渡带和典型的农牧交错区。北部三面有腾格里沙漠、乌兰布和沙漠和毛乌素沙漠环绕。黄河自中卫南长滩进入宁夏，流经卫宁和银川平原，蜿蜒 397km，流至北部石嘴山市头道坎麻黄沟出境入蒙。全区是典型的大陆型气候，全年平均气温在 3~10℃，降水量南多北少，大都集中在夏季；干旱山区年平均降水 400mm，引黄灌区年平均 157mm。地势南高北低，土壤和植被呈地带性分布，土壤从北向南主要是灰钙土、黑垆土和山地灰褐土；宁夏植被水平分布南端为森林草原带，向北依次过渡为典型草原带、荒漠草原带和荒漠带，其中典型草原和荒漠草原是宁夏植被的主体。宁夏面积虽小，但生态系统多样，沙漠、荒漠、草原、湿地、森林均有，具有适宜众多植物生存和繁衍的各种生境。据《宁夏植物志》（第二版）记载，宁夏有历史记录的维管植物 1909 种，隶属 130 科 645 属。

近年来，随着宁夏生态文明建设的大力投入，植物多样性保护、合理开发和可持续利用野生植物资源不断推进，而植物分类人才严重短缺的情况下，急需一部科、属齐全，种类较多，能反映当前植物系统学现状和宁夏植物区系变动，且中文名、拉丁名正确，简明、实用、图文并茂的植物分类著作——《宁夏植物图鉴》，可以满足我区农、林、牧、医药、环保行业、科研和教育等部门科技人员和基层工作者对植物分类的需求。

《宁夏植物图鉴》（共 4 卷）记载约 1700 种维管植物；全书共分四卷：第一卷为蕨类植物、裸子植物和被子植物（从睡莲科至鸭跖草科）；第二卷从金鱼藻科至蔷薇科；第三卷从胡颓子科至杜鹃花科；第四卷从茜草科至伞形科。蕨类植物是按照蕨类植物系统发育研究组系统（Pteridophyte Phylogeny Group，PPG I）排列；裸子植物是按照多识裸子植物分类系统排列；被子植物是按照被子植物系统发育研究组系统（Angiosperm Phylogeny Group，APG Ⅳ）排列；所有物种的中文名、拉丁名及科、属拉丁名均参照《中国植物志》、《Flora of China》、中国植物名录（China Plant Catalogue，CNPC）核对和修正；并且补充近 50 种新分布植物。本书对每种植物用简洁的文字介绍了中文名、拉丁名、科属分类、形态特征、产地和生境；并用彩色图片对每种植物的生境、叶、花和果等特征进行了全面展示，便于读者识别和掌握植物主要特征；同属种的排列按照种加词英文字母顺序。

本书是针对宁夏植物区系，集学术和科普性为一体的图书。本书的出版对深入研究宁夏地区植物资源、物种多样性以及当地生态环境保护策略等都具有重要意义，同时为宁夏地区的植物种质资源保护及其综合开发利用提供了依据。本书语言通俗易懂，图文并茂，是植物科研人员及农林工作者较好的参考书，也是广大植物爱好者认识和熟悉宁夏地区植物的工具书。

本书从标本的采集，照片的拍摄，到图鉴的编写经历数载，倾注了编者的大量心血，由于编者的学术水平有限和出版时间紧迫，难免疏漏，敬请广大读者和同行斧正。

编　者

目　录

前　言

四十四　金鱼藻科　Ceratophyllaceae ·······································1

　　金鱼藻属　*Ceratophyllum* L. ···1

四十五　罂粟科　Papaveraceae ···2

　　1. 花菱草属　*Eschscholzia* Cham. ··2

　　2. 绿绒蒿属　*Meconopsis* Vig. ···2

　　3. 罂粟属　*Papaver* L. ···3

　　4. 秃疮花属　*Dicranostigma* Hook. f. & Thomson ·····················4

　　5. 白屈菜属　*Chelidonium* L. ··5

　　6. 角茴香属　*Hypecoum* L. ···5

　　7. 荷包牡丹属　*Dicentra* Bernh. ··6

　　8. 紫堇属　*Corydalis* Vent. ··7

四十六　星叶草科　Circaeasteraceae ···12

　　星叶草属　*Circaeaster* Maxim. ···12

四十七　防己科　Menispermaceae ··13

　　蝙蝠葛属　*Menispermum* L. ··13

四十八　小檗科　Berberidaceae ···13

　　1. 红毛七属　*Caulophyllum* Michaux ····································13

　　2. 小檗属　*Berberis* L. ···14

　　3. 淫羊藿属　*Epimedium* L. ···19

4. 山荷叶属　*Diphylleia* Michx. ·······20

5. 桃儿七属　*Sinopodophyllum* Ying ·······20

四十九　毛茛科　Ranunculaceae ·······21

1. 侧金盏花属　*Adonis* L. ·······21

2. 金莲花属　*Trollius* L. ·······22

3. 唐松草属　*Thalictrum* L. ·······23

4. 蓝堇草属　*Leptopyrum* Reichb. ·······29

5. 拟楼斗菜属　*Paraquilegia* Drumm. et Hutch. ·······30

6. 楼斗菜属　*Aquilegia* L. ·······30

7. 乌头属　*Aconitum* L. ·······33

8. 露蕊乌头属　*Gymnaconitum* (Stapf) Wei Wang & Z. D. Chen ·······35

9. 翠雀属　*Delphinium* L. ·······36

10. 驴蹄草属　*Caltha* L. ·······39

11. 类叶升麻属　*Actaea* L. ·······39

12. 铁筷子属　*Helleborus* L. ·······41

13. 铁线莲属　*Clematis* L. ·······42

14. 银莲花属　*Anemone* L. ·······49

15. 白头翁属　*Pulsatilla* Adans. ·······52

16. 碱毛茛属　*Halerpestes* Green ·······54

17. 毛茛属　*Ranunculus* L. ·······55

五十　清风藤科　Sabiaceae ·······60

泡花树属　*Meliosma* B I. ·······60

五十一　莲科　Nelumbonaceae ·······60

莲属　*Nelumbo* Adans. ·······60

五十二　芍药科　Paeoniaceae ·······61

芍药属　*Paeonia* L. ·······61

五十三　茶藨子科　Grossulariaceae ·······63

茶藨子属　*Ribes* L. ·······63

五十四　虎耳草科　Saxifragaceae ·······68

1. 虎耳草属　*Saxifraga* L. ·······68

2. 落新妇属　*Astilbe* Buch. - Ham. ·······69

3. 黄水枝属　*Tiarella* L. ……………………………………………………69

4. 鬼灯檠属　*Rodgersia* A. Gray ……………………………………………70

5. 金腰子属　*Chrysosplenium* L. ……………………………………………70

五十五　景天科　Crassulaceae ……………………………………………72

1. 瓦松属　*Orostachys* Fisch. ………………………………………………72

2. 八宝属　*Hylotelephium* H. Ohba ………………………………………72

3. 红景天属　*Rhodiola* L. ……………………………………………………73

4. 费菜属　*Phedimus* Raf. ……………………………………………………74

5. 景天属　*Sedum* L. …………………………………………………………75

五十六　小二仙草科　Haloragidaceae ……………………………………76

狐尾藻属　*Myriophyllum* L. ………………………………………………76

五十七　锁阳科　Cynomoriaceae …………………………………………78

锁阳属　*Cynomorium* L. ……………………………………………………78

五十八　葡萄科　Vitaceae …………………………………………………78

1. 蛇葡萄属　*Ampelopsis* Michx. …………………………………………78

2. 地锦属　*Parthenocissus* Planch. ………………………………………79

3. 葡萄属　*Vitis* L. ……………………………………………………………80

五十九　蒺藜科　Zygophyllaceae …………………………………………81

1. 蒺藜属　*Tribulus* L. ………………………………………………………81

2. 驼蹄瓣属　*Zygophyllum* L. ……………………………………………82

3. 四合木属　*Tetraena* Maxim. ……………………………………………83

六十　豆科　Leguminosae …………………………………………………83

1. 紫荆属　*Cercis* L. …………………………………………………………83

2. 皂荚属　*Gleditsia* J. Clayton …………………………………………84

3. 合欢属　*Albizzia* Durazz. ………………………………………………84

4. 野决明属　*Thermopsis* R. Br. …………………………………………85

5. 沙冬青属　*Ammopiptanthus* Cheng f. …………………………………85

6. 苦参属　*Sophora* L. ………………………………………………………86

7. 紫穗槐属　*Amorpha* L. …………………………………………………88

8. 落花生属　*Arachis* L. ……………………………………………………88

9. 木蓝属　*Indigofera* L. ……………………………………………………89

10. 杭子梢属　*Campylotropis* Bge. ································· 90

11. 鸡眼草属　*Kummerowia* Schindl. ························· 90

12. 胡枝子属　*Lespedeza* Michx. ···························· 91

13. 豇豆属　*Vigna* Savi ·································· 94

14. 菜豆属　*Phaseolus* L. ······························ 95

15. 大豆属　*Glycine* Willd. ······························ 96

16. 两型豆属　*Amphicarpaea* Elliott ex Nutt. ················· 97

17. 百脉根属　*Lotus* L. ·································· 98

18. 刺槐属　*Robinia* L. ································· 98

19. 甘草属　*Glycyrrhiza* L. ······························ 100

20. 紫藤属　*Wisteria* Nutt. ······························ 102

21. 骆驼刺属　*Alhagi* Gagneb. ····························· 102

22. 岩黄耆属　*Hedysarum* L. ····························· 103

23. 驴食豆属　*Onobrychis* Mill. ··························· 104

24. 山竹子属　*Corethrodendron* Fisch. & Basiner ··············· 104

25. 锦鸡儿属　*Caragana* Lam. ····························· 106

26. 米口袋属　*Gueldenstaedtia* Fisch. ······················ 113

27. 高山豆属　*Tibetia* (Ali) Tsui. ·························· 113

28. 雀儿豆属　*Chesneya* Lindl. ex Endl. ····················· 114

29. 棘豆属　*Oxytropis* DC. ······························ 114

30. 黄耆属　*Astragalus* L. ······························ 125

31. 蔓黄耆属　*Phyllolobium* Fisch. ························ 138

32. 苦马豆属　*Sphaerophysa* DC. ·························· 139

33. 苜蓿属　*Medicago* L. ······························· 140

34. 胡卢巴属　*Trigonella* Linn. ··························· 142

35. 草木樨属　*Melilotus* Adans. ·························· 143

36. 车轴草属　*Trifolium* L. ····························· 144

37. 野豌豆属　*Vicia* L. ································· 145

38. 兵豆属　*Lens* Mill. ································· 150

39. 山黧豆属　*Lathyrus* L. ······························ 150

40. 豌豆属　*Pisum* L. ································· 152

六十一　远志科　Polygalaceae ·························· 152

　远志属　*Polygala* L. ································ 152

六十二 蔷薇科 Rosaceae ·······153

1. 悬钩子属 *Rubus* L. ·······153
2. 路边青属 *Geum* L. ·······157
3. 龙芽草属 *Agrimonia* L. ·······158
4. 地榆属 *Sanguisorba* L. ·······159
5. 蔷薇属 *Rosa* L. ·······160
6. 委陵菜属 *Potentilla* L. ·······167
7. 草莓属 *Fragaria* L. ·······181
8. 地蔷薇属 *Chamaerhodos* Bge. ·······181
9. 山莓草属 *Sibbaldia* L. ·······182
10. 沼委陵菜属 *Comarum* L. ·······183
11. 羽衣草属 *Alchemilla* L. ·······183
12. 风箱果属 *Physocarpus* (Cambess.) Maxim. ·······184
13. 绣线梅属 *Neillia* D. Don ·······185
14. 扁核木属 *Prinsepia* Royle ·······186
15. 棣棠属 *Kerria* DC. ·······186
16. 桃属 *Amygdalus* L. ·······187
17. 李属 *Prunus* L. ·······190
18. 珍珠梅属 *Sorbaria* （Ser.） A. Br. ex Aschers. ·······194
19. 假升麻属 *Aruncus* Adans. ·······195
20. 绣线菊属 *Spiraea* L. ·······196
21. 山楂属 *Crataegus* L. ·······202
22. 木瓜海棠属 *Chaenomeles* Lindl. ·······203
23. 苹果属 *Malus* Mill. ·······204
24. 栒子属 *Cotoneaster* B. Ehrhart ·······206
25. 梨属 *Pyrus* L. ·······212
26. 花楸属 *Sorbus* L. ·······213

参考文献 ·······215

四十四　金鱼藻科　Ceratophyllaceae

金鱼藻属　*Ceratophyllum* L.

（1）金鱼藻 *Ceratophyllum demersum* L.

多年生沉水草本。茎分枝。叶 4~11 个轮生，1~2 回二歧分裂，裂片线状，边缘具锯齿。坚果椭圆形，黑褐色，表面平滑，边缘无翅，有 3 刺，顶生刺，直生，基部 2 刺斜下伸。果期 8~9 月。

产宁夏引黄灌区，生于池沼、湖泊及排水沟中。全国广泛分布。

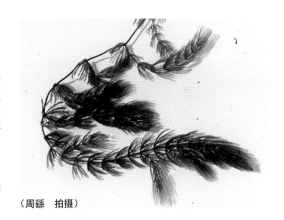

（周繇　拍摄）

（2）粗糙金鱼藻 *Ceratophyllum muricatum* Chamisso subsp. *kossinskyi* Chamisso

多年生沉水草本。茎分枝。叶常 5~11 个轮生，3~4 回二歧分枝，裂片丝状。坚果椭圆形，褐色，表面具黑色瘤状突起，边缘微具翅，有 3 刺，顶生刺长，直生，基部 2 刺较短，斜下伸。果期 9 月。

产宁夏引黄灌区，多生于湖泊、池沼和排水沟中。分布于辽宁、吉林、黑龙江、内蒙古、台湾、江苏、福建等省（自治区）。

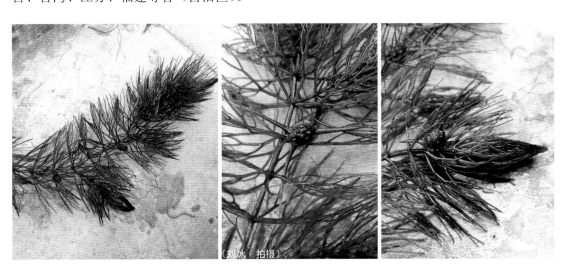

（刘冰　拍摄）

（3）五刺金鱼藻 *Ceratophyllum platyacanthum* Chamisso subsp. *oryzetorum* Chamisso

多年生沉水草本。茎分枝。叶常 10 个轮生，多 1 回二歧分裂，边缘具锯齿。坚果椭圆形，褐色，平滑，边缘无翅，有 5 刺，2 刺生果实近顶端处，稍弯曲，与基部的刺成互生，基部 2 刺斜下伸。果期 8~9 月。

产宁夏引黄灌区，生于池沼、湖泊及排水沟中。分布于安徽、广西、湖北、吉林、山东、浙江、黑龙江、辽宁、河北、台湾等省（自治区）。

四十五 罂粟科 Papaveraceae

1. 花菱草属 *Eschscholzia* Cham.

花菱草 *Eschscholzia californica* Cham.

多年生草本。基生叶多回三出羽状全裂，裂片线形。花单生枝顶；花黄色；花托倒卵状三角形，凹陷，边缘稍向外扩展；萼片 2，灰绿色，结合成杯状，早落；花瓣 4 个，三角状倒卵形；雄蕊多数，花药线形，较花丝长；子房线形，柱头 4 裂。蒴果线形，具纵条棱，柱头宿存。花期 5~8 月。

南北各省普遍栽培。宁夏亦有栽培，为观赏植物。

2. 绿绒蒿属 *Meconopsis* Vig.

五脉绿绒蒿 *Meconopsis quintuplinervia* Regel

多年生草本。叶全部基生，叶倒披针形，全缘，两面被浅褐色硬毛。花茎 1~2 个自叶丛中抽出，直立，具纵条棱，被淡褐色硬毛；花单生顶端，花大，蓝紫色；萼片卵形，早落；花瓣 4 个，倒卵形；雄蕊花药椭圆形；子房椭圆形，柱头头状，4 裂。蒴果直立，长圆柱体形，柱头宿存。花期 7 月，果期 7~8 月。

产宁夏六盘山，生于 2500~2800m 的高山草地。分布于湖北、四川、西藏、青海、甘肃、陕西等省（自治区）。

（谭飞 拍摄）

3. 罂粟属 *Papaver* L.

（1）野罂粟 *Papaver nudicaule* L.

多年生草本。叶全部基生，卵形，2 回羽状深裂，最终裂片椭圆形。花葶 1~6 条自叶丛中抽出，具纵条棱，被刚毛；花单生花葶顶端；萼片 2，卵形，早落；花瓣 4 个，橘黄色，两轮排列，倒卵形；雄蕊花药椭圆形，花丝细丝状。蒴果倒卵状椭圆形，柱头宿存，具 6 条辐射状裂片。花期 7 月，果期 7~8 月。

产宁夏六盘山，生于山谷河滩地。分布于河北、山西、内蒙古、黑龙江、陕西和新疆等省（自治区）。

（2）虞美人 *Papaver rhoeas* L.

一年生草本。叶互生，轮廓宽卵形，羽状深裂，裂片披针形，先端急尖，边缘具粗锯齿。花单生，具长梗；萼片椭圆形，早落；花瓣近圆形，先端具钝齿，红色、紫红色；雄蕊多数，花药黄色，花丝深紫红色；子房宽倒卵形，柱头常具 10 个辐射状裂片。蒴果椭圆柱形，光滑。花期 5~8 月。

宁夏各地常见栽培。原产欧洲，各地常见栽培，为观赏植物。

4. 秃疮花属　*Dicranostigma* Hook. f. & Thomson

秃疮花 *Dicranostigma leptopodum* (Maxim.) Fedde

多年生草本。基生叶丛生，叶片狭倒披针形，羽状深裂，裂片 4~6 对，再次羽状深裂或浅裂，小裂片先端渐尖，顶端小裂片 3 浅裂；茎生叶羽状深裂、浅裂或二回羽状深裂，裂片具疏齿，先端三角状渐尖；无柄。花 1~5 朵于茎，排列成聚伞花序；萼片卵形；花瓣倒卵形至回形，黄色；雄蕊多数，花丝丝状，花药长圆形，黄色；子房狭圆柱形，花柱柱头 2 裂，直立。蒴果线形。种子卵珠形。花期 3~5 月，果期 6~7 月。

产宁夏同心县，生于的草坡或路旁、田埂和墙头。分布于云南、四川、西藏、青海、甘肃、陕西、山西、河北和河南等省（自治区）。

5. 白屈菜属　*Chelidonium* L.

白屈菜 *Chelidonium majus* L.

多年生草本。叶互生，羽状全裂，裂片卵形。伞形花序，萼片 2，椭圆形，早落；花瓣 4 个，倒卵形，黄色；雄蕊多数，子房圆柱形，花柱短，柱头头状。蒴果线状圆柱形，种子间稍收缩，无毛。花期 6~7 月，果期 8 月。

产宁夏贺兰山、罗山及南华山，生于沟谷林缘或林缘草地。分布于东北、华北、华东及河南、陕西、甘肃、新疆、四川、江西等地。

6. 角茴香属　*Hypecoum* L.

（1）角茴香 *Hypecoum erectum* L.

一年生草本；茎多由基部分枝。基生叶呈莲座状，2~3 回羽状全裂，最终裂片细线形。花淡黄色；萼片长卵形，外面 2 片花瓣宽倒卵形，先端稍 3 裂，内侧 2 片较窄，狭倒卵形，先端 3 裂；雄蕊与花瓣近等长；子房线形，柱头 2 裂。蒴果线形，成熟时 2 瓣开裂。花果期 5~7 月。

产宁夏同心县以南地区，生于山坡、路旁及沙质地上。分布于东北、华北和西北等地。

（2）细果角茴香 *Hypecoum leptocarpum* **Hook. f. et Thoms.**

一年生草本。茎多数，由基部抽出，斜升或基部平卧。基生叶莲座状，2回羽状全裂；小裂片卵状披针形。花 1~4 朵生于茎顶；萼片 2，卵形；外面的 2 片花瓣宽卵形，内面 2 片稍小，先端 3 裂，花瓣淡紫色；雄蕊 4 个，与花瓣近等长；子房线形，柱头 2 裂。蒴果线形，成熟时横断裂。花果期 6~8 月。

产宁夏罗山及固原市，生于山坡、路旁。分布于河北、山西、内蒙古、陕西、甘肃、青海、四川、云南、西藏等省（自治区）。

7. 荷包牡丹属 *Dicentra* Bernh.

荷包牡丹 *Lamprocapnos spectabilis* **(Linnaeus) T. Fukuhara.**

多年生草本，全体无毛。茎直立。叶互生，2 回三出复叶，顶端小叶具长柄，侧生小叶具短柄，小叶片宽倒卵形，3 深裂，裂片卵形。总状花序；花一侧生，下垂，两侧扁平；萼片鳞片状，披针形，早落；外层 2 花瓣粉红色，基部膨大成囊状，基部合生成心形，顶端成尾状向外反曲，内层 2 片长圆形，白色，顶部紫红色，背部具龙骨状突起，中部缢缩；雄蕊 6 个；雌蕊线形，柱头角状 2 裂。蒴果线状圆柱形。花期 4~5 月。

银川市部分公园有栽培，分布于辽宁、河北、甘肃、四川、云南等省。

8. 紫堇属　*Corydalis* Vent.

（1）灰绿黄堇 *Corydalis adunca* Maxim.

多年生草本，全株被白粉。叶 2 回羽状全裂。总状花序顶生；苞片披针形，距先端圆，萼片卵形，早落；花黄色，上面花瓣倒卵形，先端具尖头，下面花瓣稍狭，先端具小尖头，内侧 2 花瓣狭倒卵形，先端稍连合，基部具爪；子房线形，柱头 2 裂，周围具数个鸡冠状突起。蒴果宽线形，自下而上两瓣开裂。花期 6~7 月，果期 8~9 月。

产宁夏六盘山、罗山、香山和贺兰山，生于干旱山坡或石质山沟。分布于内蒙古、甘肃、陕西、青海、四川和西藏等省（自治区）。

（2）贺兰山延胡索 *Corydalis alaschanica* (Maxim.) Peshkova

多年生草本。茎淡褐色，稍肉质。叶具长柄，三出复叶。总状花序顶生；苞片卵形，萼片小，膜质，早落；花冠蓝紫色，上面花瓣倒卵形，先端具小尖头，下面的花瓣倒卵状披针形，先端具小尖头；子房卵状长椭圆形，柱头 2 裂，呈冠状膨大。蒴果长椭圆形，下垂。花期 5~7 月，果期 7~8 月。

产宁夏贺兰山，多生于腐殖质层深厚的云杉林下或林缘。分布于甘肃省和内蒙古自治区。

（3）地丁草 *Corydalis bungeana* Turcz.

二年生草本。茎自基部铺散分枝，具棱。基生叶多数；叶片二至三回羽状全裂，一回羽片 3~5 对，具短柄，二回羽片 2~3 对，顶端分裂成短小的裂片，裂片顶端圆钝。花序总状，多花。苞片叶状，萼片宽卵圆形至三角形，常早落。花粉红色至淡紫色。蒴果椭圆形，下垂，具 2 列种子。

产宁夏固原和银川，是常见农田杂草。分布于吉林、辽宁、河北、山东、河南、山西、陕西、甘肃、内蒙古、湖南、江苏等省（自治区）。

（4）曲花紫堇 *Corydalis curviflora* Maxim.

多年生草本。茎直立，常丛生。茎生叶几无柄，掌状全裂，裂片 4~10 个，线形。总状花序；花蓝色；萼片小，膜质，早落；花冠末端圆，上面的花瓣椭圆形，先端尖，边缘具不明显的齿牙，背面前部具膜质翅，下面的花瓣宽倒卵形，内侧 2 个花瓣倒卵状椭圆形，先端背部具 1 三角状囊状突起，下半部向上的一边具一宽三角状囊状突起，基部腹面两侧具 2 个耳状的囊状突起；子房线形，柱头 2 裂。花期 7 月。

产宁夏六盘山，生于海拔 2700m 左右的山坡草地上。分布于云南、四川、甘肃、青海等省。

（5）**北京延胡索** *Corydalis gamosepala* **Maxim.**

多年生草本。块茎圆球形或近长圆形。茎基部以上具 1~2 鳞片，常具 3 茎生叶；下部叶具叶鞘并常具腋生的分枝。叶二回三出，小叶的变异极大，通常具圆齿或圆齿状深裂，有时侧生的小叶全缘，有时部分小叶分裂成披针形或线形的裂片而形成二型叶。总状花序具 7~13 花。花桃红色或紫色，稀蓝色。萼片小，早落。外花瓣宽展，全缘，顶端微凹，通常无短尖。下花瓣略向前伸出。柱头扁四方形，前端具 4 乳突，两侧基部下延。蒴果线形，具 1 列种子。

产宁夏六盘山，生于山坡、灌丛或阴湿地。分布于辽宁、北京、河北、山东、内蒙古、山西、陕西和甘肃等省（自治区、直辖市）。

（6）**泾源紫堇** *Corydalis jingyuanensis* **C. Y. Wu et H. Chuang**

粗壮草本。茎直立。基生叶数枚，叶片轮廓宽卵形，三回三出分裂，表面绿色，背面灰绿色；茎生叶约 3 枚，叶片轮廓宽卵状三角形，二回三出全裂。总状花序生于茎先端。萼片鳞片状，花瓣青紫色，子房椭圆形，胚珠多数，柱头双卵形。蒴果椭圆形。种子近圆形，黑色，具光泽。花果期 6 月前后。

产宁夏六盘山，生于海拔 2100~2450m 的混交林下草地，分布于宁夏泾源和甘肃省。

（7）松潘黄堇 *Corydalis laucheana* Fedde

草本。茎直立，具棱。基生叶数枚；茎生叶数枚，疏离互生，上部柄较短，均具鞘，叶片轮廓卵形，上部叶较小，三回三出或稀三回五数分裂，第一回裂片具较长柄，第二回具较短柄，第三回近无柄，3~7 深裂或浅裂，末回裂片倒卵形或长圆形，先端急尖或近圆，具小尖头。总状花序顶生和侧生，有 10~15 花，排列稀疏；苞片最下部者同上部茎生叶，中部者宽披针状菱形，先端具齿，最上部者披针形全缘；花梗劲直，花后弯曲，与苞片近等长。萼片鳞片状，狭披针形，具锯齿；花瓣黄色。蒴果圆柱形，有 6~8 枚种子。种子近圆形，黑色，具光泽。花果期 6~9 月。

产于宁夏六盘山，生于山坡、山谷、灌丛或田边。分布于青海和四川省。

（8）条裂黄堇 *Corydalis linarioides* Maxim.

多年生草本。具块根 2~6，纺锤形。茎直立，具纵条棱。叶互生，羽状全裂，裂片线形。总状花序顶生；花黄色，花萼小，膜质，早落；花冠上面的花瓣背面具膜质翅，先端钝圆，下面的花瓣前端背面具三角状膜质翅，内侧的 2 片花瓣顶端稍连合，背部具三角状突起；子房线形，柱头 2 裂，先端冠状膨大。蒴果狭长圆形，成熟时斜向下垂。花期 6 月。

产宁夏六盘山，多生于灌木林下、林缘、草坡或石缝中。分布于陕西、甘肃、青海、四川和西藏等省（自治区）。

（9）蛇果黄堇 *Corydalis ophiocarpa* Hook. f. et Thoms.

多年生草本。叶具柄，柄两侧具翅，叶2回羽状全裂。总状花序生枝顶，苞片披针形，萼片小，膜质，具齿牙，早落；花冠黄色，距长为花冠的四分之一，末端圆形。蒴果线形，波状扭曲呈蛇状。种子球形，黑色，具光泽。花期6月，果期7~8月。

产宁夏六盘山和贺兰山，生于沟谷林缘。分布于西藏、云南、贵州、四川、青海、甘肃、陕西、山西、河北、河南、湖北、湖南、江西、安徽和台湾等省（自治区）。

（10）小黄紫堇 *Corydalis raddeana* Regel

一年生草本。主根具多数纤细的侧根。茎直立，具纵条棱，无毛。叶互生，具长柄，2回羽状复叶，小叶片具柄，小叶片卵形，常3深裂，裂片倒卵形，具小尖头，上面绿色，下面淡绿色，无毛。总状花序生枝顶；苞片卵形；花黄色，距长为花冠的三分之一，末端圆形，稍向下弯。蒴果狭倒披针形，下垂，具1行种子，种子间稍缢缩。

产宁夏六盘山，多生于山地林缘或石崖上，分布于黑龙江、吉林、辽宁、内蒙古、河北、山西、陕西、甘肃、河南、山东、浙江、台湾等省（自治区）。

（11）糙果紫堇 Corydalis trachycarpa Maxim.

多年生草本。具直根及多数深褐色须根。茎直立，不分枝。基生叶多数，具长柄，2回羽状全裂，1回裂片具柄，2回裂片几无柄，小叶片卵形。总状花序顶生，花紫红色；苞片倒卵形，具不规则深裂；萼片膜质，边缘具齿，早落；花末端圆形，向下弯曲；上面的花瓣菱状倒卵形，背部先端具向前伸的膜质翅，内侧花瓣椭圆形，背部具翅，基部具2囊状突起，先端稍连合，基部具爪；子房狭长圆柱形，柱头2裂，周围具冠状突起。花期5月。

产宁夏六盘山，多生于林缘、灌丛、流石滩或山坡石缝中。分布于甘肃、青海、四川和西藏等省（自治区）。

（任飞 拍摄）

四十六 星叶草科 Circaeasteraceae

星叶草属 Circaeaster Maxim.

星叶草 Circaeaster agrestis Maxim.

一年生小草本。茎直立，细弱，疏被短腺毛。叶簇生于茎顶，菱状倒卵形，先端边缘具尖齿，两侧全缘，基部渐狭成短柄，叶脉二歧分枝，两面无毛。花簇生叶丛中央，萼片2~3，狭卵形，无毛；雄蕊1~2，无毛，花药椭圆球形；心皮1~3，较雄蕊长，无毛。瘦果纺锤形，先端密被钩状毛。花果期6~8月。

产宁夏六盘山，多生于林下或沟边湿润处。分布于西藏、云南、四川、陕西、甘肃、青海、新疆等省（自治区）。

四十七　防己科　Menispermaceae

蝙蝠葛属　*Menispermum* L.

蝙蝠葛 *Menispermum dauricum* DC.

缠绕藤本。茎圆柱形，有纵条纹。单叶互生，叶片盾状肾形至盾状心脏形，先端尖，边缘 5~7 浅裂，裂片三角形。圆锥花序叶腋生；花单性，雌雄异株；萼片 6~8 片，倒卵形，花瓣 6~8 片，肾圆形，肉质；雄花有雄蕊 12~18 个；雌花有退化雄蕊 6~12 个，心皮 3 个，分离，子房上位，1 室。核果扁球形，熟时黑紫色。花期 6 月，果期 8~9 月。

产宁夏六盘山，生于林缘、灌丛、溪边或砾石滩地。产于东北、华北等省。

四十八　小檗科　Berberidaceae

1. 红毛七属　*Caulophyllum* Michaux

红毛七 *Caulophyllum robustum* Maxim.

多年生草本。茎直立。叶互生，2~3 回三出复叶，末回复叶的顶生小叶片具柄，侧生小叶几无柄，小叶片卵形。圆锥花序顶生；花黄色，苞片 3 个；萼片倒卵形，花瓣状，先端钝圆；花瓣小，蜜腺状，具爪；种子浆果状，成熟后蓝黑色，圆球形，被白粉。花期 6~7 月，果期 7~8 月。

产宁夏六盘山，生于林下或山谷阴湿处。分布于黑龙江、吉林、辽宁、山西、陕西、甘肃、河北、河南、湖南、湖北、安徽、浙江、四川、云南、贵州和西藏等省（自治区）。

2. 小檗属　*Berberis* L.

（1）黄芦木 *Berberis amurensis* Rupr.

落叶灌木。枝灰褐色，具纵条棱；刺单一或 3 分叉，粗壮，与枝同色。叶倒卵形，基部下延成柄，边缘具前伸的纤毛状细密锯齿，背面网脉较明显。总状花序下，具花 40~50 朵；苞片披针形，锐尖；花淡黄色；外轮萼片狭卵形，内轮萼片倒卵形；花瓣卵形，先端钝 2 裂；子房椭圆柱体形，无花柱，柱头头状。浆果椭圆形，红色。花期 5 月，果期 7~8 月。

产宁夏六盘山，生于海拔 2100m 左右的山坡灌丛中。分布于黑龙江、吉林、辽宁、河北、内蒙古、山东、河南、山西、陕西和甘肃等省（自治区）。

（2）短柄小檗 *Berberis brachypoda* Maxim.

落叶灌木。枝灰黄色，具纵条棱，散生黑色疣点；刺3分叉，粗壮，背面具沟槽。叶质厚，长椭圆形，基部下延成短柄，边缘具密的刺状锯齿，明显反卷，叶脉凹下呈明显折皱。总状花序，具花20~40朵，密集；总花梗、花梗及苞片均被短柔毛；外轮萼片椭圆形，内轮萼片宽倒卵形；花黄色，花瓣椭圆形，先端锐2裂，基部具短爪；子房长椭圆柱体形。花期6~7月。

产宁夏六盘山和南华山，生于海拔2000m左右的山坡灌木林中。分布于湖北、山西、陕西、甘肃、青海、西藏等省（自治区）。

（3）秦岭小檗 *Berberis circumserrata* (Schneid.) Schneid.

落叶直立灌木。小枝有条棱，黄色或黄褐色；刺3叉，粗壮，黄色。叶倒卵状长圆形，边缘具纤毛状细锯齿，两面网脉极为明显。花黄色，2~5朵簇生；外轮萼片卵状长椭圆形，内轮萼片宽椭圆形；花瓣倒卵状长椭圆形，稍短于内轮萼片，先端2裂，基部具短爪；子房长椭圆形，花柱柱头头状。浆果椭圆球形，红色，柱头宿存。花期7月，果期8~9月。

产宁夏六盘山，生于海拔2500~2800m的高山山脊的灌木丛中。分布于湖北、陕西、河南、甘肃和青海等省。

（徐晔春　拍摄）

（4）直穗小檗 *Berberis dasystachya* Maxim.

落叶灌木。幼枝暗棕色，老枝黑褐色；刺单一。叶宽卵形至近圆形，先端圆或微凹，基部突狭成柄，边缘疏具锯齿，两面无毛。总状花序，具花 20~50 朵；外轮萼片狭卵形，内轮萼片卵形；花黄色，花瓣倒卵形，先端不裂；雄蕊花药先端平；子房椭圆柱体形，无花柱。花期 6 月。

产宁夏六盘山，生于海拔 2200m 左右的灌丛中。分布于甘肃、青海、湖北、陕西、四川、河南、河北和山西等省。

（5）鲜黄小檗 *Berberis diaphana* Maxim.

落叶直立灌木。小枝灰色，具条棱及疣状突起，刺 3 叉，淡黄色，背面具沟槽。叶长椭圆形，边缘具少数纤毛状锯齿，网脉两面隆起。花鲜黄色；花 3~5 朵成近总状；花梗上部稍增粗，光滑无毛；苞片锥形；内轮萼片宽椭圆形；花瓣倒卵形，先端 2 裂，基部渐狭，具短爪；子房长椭圆形，无花柱，柱头头状。浆果卵状长圆柱形，红色，柱头宿存。花期 5~6 月，果期 7~8 月。

产宁夏六盘山，生于海拔 2000m 左右的山谷阴湿处或阴坡林下。分布于陕西、甘肃等省。

（6）首阳小檗 *Berberis dielsiana* Fedde.

落叶灌木。小枝细瘦，具纵条棱，棕黄色；刺细瘦，单一或 3 分叉，背面无沟槽，与枝同色。叶狭长椭圆形，基部渐狭成短柄，边缘密生纤毛状细锯齿，背面网脉较明显。花序短总状，具花 5~10 朵，花黄色；花梗红色；苞片三角状锥形。浆果椭圆柱体形，红色，无花柱，柱头宿存。果期 7~8 月。

产宁夏六盘山，生于山谷或阴坡灌木丛中。分布于山西、河南、陕西、甘肃、四川等省。

（7）置疑小檗 *Berberis dubia* Schneid.

落叶灌木。老枝灰黑色，稍具棱槽和黑色疣点，幼枝紫红色，有光泽，明显具棱槽；茎刺单生或三分叉。叶纸质，狭倒卵形，先端近渐尖，基部渐狭，上面深绿色，中脉和侧脉隆起，中脉和侧脉明显隆起，两面网脉显著隆起，无毛，叶缘平展，每边具 6~14 细刺齿。总状花序由 5~10 朵花组成；花黄色；小苞片披针形，先端急尖；萼片 2 轮，外萼片卵形，内萼片阔倒卵形；花瓣椭圆形，短于内萼片，先端浅缺裂，基部楔形，具 2 枚腺体；胚珠 2 枚。浆果倒卵状椭圆形，红色，顶端不具宿存花柱。花期 5~6 月，果期 8~9 月。

产宁夏贺兰山，生于海拔 2000~2200m 的山坡、林缘及山谷河滩地。分布于内蒙古、甘肃、青海等省（自治区）。

（8）陕西小檗 Berberis shensiana Ahrendt.

落叶直立灌木。幼枝黄色，老枝灰褐色，具纵棱，刺3叉，细弱。叶卵形，先端圆或急尖，基部楔形或下延成柄，边缘密具纤毛状细锯齿，无毛，两面网脉明显。花黄色，花序伞房状、总状，具花3~5朵；小苞片锥形；外轮萼片长圆状卵形；花瓣短于内轮萼片，先端微凹缺。浆果长圆柱形，柱头宿存。花期5月，果期7月。

产宁夏六盘山，生于海拔2000m左右的林缘及路边灌丛中。分布于陕西、甘肃等省。

（9）西伯利亚小檗 Berberis sibirica Pall.

落叶灌木。幼枝红褐色，具纵条棱，老枝灰黄色，树皮常片状剥落；刺5分叉，黄绿色，背面具沟槽。叶形多变化，椭圆形、长椭圆形或卵形，先端圆，基部楔形、宽楔形至截形，边缘疏生细刺状粗锯齿，每边具齿不超过10，两面绿色，背面网脉明显，边缘稍反卷，无毛；叶柄圆柱形，与叶片相连处具关节。花单生；花梗无毛；萼片 2 轮，外萼片长圆状卵形，内萼片倒卵形；花黄色，花瓣倒卵形，先端浅缺裂；浆果倒卵形，红色。

产宁夏贺兰山，生于干旱石质山坡或石质坡地。分布于内蒙古、辽宁、吉林、黑龙江、新疆、河北和山西等省（自治区）。

（刘冰 - 拍摄）

3. 淫羊藿属　*Epimedium* L.

淫羊藿 *Epimedium brevicornu* Maxim.

多年生草本。茎直立，具条棱。叶为 2 回三出复叶，基生叶 1~3 个，具长柄，开花时枯萎，茎生叶 2 个，对生；小叶片卵形，先端急尖，基部深心形。圆锥花序顶生，具多数花；花白色；外轮萼片较小，卵状三角形，内轮萼片花瓣状，白色或淡黄色；花瓣短于内轮萼片，柱头头状。蒴果圆柱形，腹部略膨大，先端具长喙。花期 6 月，果期 6~7 月。

产宁夏六盘山，生于阴坡灌木林下、林缘、山谷或河岸阴湿处。分布于山西、河南、湖北、陕西、甘肃、青海等省。

4. 山荷叶属 *Diphylleia* Michx.

南方山荷叶 *Diphylleia sinensis* H. L. Li

多年生草本。茎直立，单一。基生叶具长柄；茎生叶 2 片，互生，具柄，叶片宽肾形，先端深 2 裂，基部心形，边缘具不等大小的齿牙，齿牙端有尖头。圆锥状聚伞花序顶生；花白色，萼片膜质，卵圆形，早落；花瓣宽倒卵形；雄蕊 6 个；子房与雄蕊近等长，花柱短，柱头头状，无毛。浆果近球形，成熟后深蓝色。花期 5 月，果期 6 月。

产宁夏六盘山，生于落叶阔叶林或针叶林下。分布于湖北、陕西、甘肃、四川、云南等省。

5. 桃儿七属 *Sinopodophyllum* Ying

桃儿七 *Sinopodophyllum hexandrum* (Royle) Ying

多年生草本。茎直立，单生，具纵棱。叶 2 枚，薄纸质，非盾状，基部心形，3~5 深裂几达中部，裂片不裂或有时 2~3 小裂，裂片先端急尖或渐尖，边缘具粗锯齿。花大，单生，粉红色；萼片 6，早落；花瓣 6，倒卵形或倒卵状长圆形；雄蕊 6；雌蕊 1，子房椭圆形，侧膜胎座，含多数胚珠，花柱短，柱头头状。浆果卵圆形，熟时橘红色；种子卵状三角形，红褐色。花期 5~6 月，果期 7~9 月。

产宁夏六盘山，生于林下、林缘湿地和灌丛中。分布于云南、四川、西藏、甘肃、青海和陕西等省（自治区）。

四十九　毛茛科　Ranunculaceae

1. 侧金盏花属　*Adonis* L.

（1）甘青侧金盏花 *Adonis bobroviana* Sim.

多年生草本。茎直立，多从基部分枝，具纵沟棱。叶片 2~3 回羽状细裂，末回裂片线形，边缘反卷。花单生茎顶；萼片 5，菱状卵形；花瓣 9~13，黄色，长椭圆形，基部渐狭成短爪；雄蕊多数。瘦果卵球形。花果期 6~7 月。

产宁夏中卫香山、海原和西吉县，生于干旱草坡。分布于甘肃、青海等省。

（2）蓝侧金盏花 *Adonis coerulea* Maxim.

多年生草本。茎下部叶有长柄；叶片长圆形，二至三回羽状细裂，羽片 4~6 对，末回裂片狭披针形，顶端有短尖头；叶柄基部有狭鞘；萼片 5~7，倒卵状椭圆形，顶端圆形；花瓣约 8 个，淡紫色，狭倒卵形；花药椭圆形，花丝狭线形；心皮多数，子房卵形，花柱极短。瘦果倒卵形。花期 4~7 月。

产宁夏南华山和固原地区，生于温性草甸草原。分布于西藏、青海、四川和甘肃等省（自治区）。

2. 金莲花属 *Trollius* L.

金莲花 *Trollius chinensis* Bunge

植株全体无毛。茎不分枝。基生叶 1~4 个，叶片五角形，基部心形，三全裂，全裂片分开，中央全裂片菱形，侧全裂片斜扇形。花单独顶生或 2~3 朵组成稀疏的聚伞花序，苞片三裂；萼片（6~）10~15（~19）片，金黄色；花瓣 18~21 个，狭线形，顶端渐狭；心皮20~30。蓇葖果，种子近倒卵球形，黑色。花期 6~7 月，果期 8~9 月。

宁夏隆德有栽种，分布于山西、河南、河北、内蒙古、辽宁和吉林等省（自治区）。

3. 唐松草属 *Thalictrum* L.

（1）高山唐松草 *Thalictrum alpinum* L.

多年生小草本，植株全部无毛。叶 4~5 个或更多，均基生，为二回羽状三出复叶；小叶薄革质，有短柄或无柄，圆菱形、菱状宽倒卵形或倒卵形，基部圆形或宽楔形，三浅裂，浅裂片全缘，脉不明显。花葶 1~2 条，不分枝；总状花序苞片小，狭卵形；花梗向下弯曲；萼片 4，脱落，椭圆形；雄蕊 7~10，花药狭长圆形，顶端有短尖头，花丝丝形；心皮 3~5，柱头约与子房等长，箭头状。瘦果无柄或有不明显的柄，狭椭圆形。花期 6~8 月。

产宁夏贺兰山，生于海拔 3000m 以上的高山草甸。分布于西藏、新疆、青海和内蒙古等省（自治区）。

（2）直梗高山唐松草 *Thalictrum alpinum* L. var. *elatum* Ulbr.

与高山唐松草的区别：花梗向上直展，不向下弯曲。瘦果基部不变细成柄。植株全部无毛。

产宁夏六盘山米缸山，生于海拔 2400~4600m 高山草坡。分布于云南、西藏、四川、青海、甘肃、陕西、山西和河北等省（自治区）。

（3）唐松草 _Thalictrum aquilegifolium_ L. var. _sibiricum_ L.

多年生草本。茎直立，具纵沟棱，无毛。叶 3~4 回三出复叶，小叶片倒卵形，常 3 浅裂或深裂，顶端裂片具 3 个裂片状圆钝齿，基部圆形；下部叶柄，上部叶柄渐短；托叶及小托叶明显，膜质。伞房状复单歧聚伞花序顶生；萼片 4，白色，长椭圆形，无毛；雄蕊多数，花丝上部倒披针形，花药椭圆形。瘦果倒卵形。花期 7 月，果期 8 月。

产宁夏六盘山，多生于林缘及草地。分布于东北、华北及西北各省（自治区）。

（4）贝加尔唐松草 _Thalictrum baicalense_ Turcz.

多年生草本。须根棕褐色。茎直立，微具纵棱，无毛。叶 3 回三出复叶，小叶倒卵形，先端 3 浅裂，裂片具 2~3 个圆钝齿，基部圆形；叶柄短，基部成鞘状。圆锥状复单歧聚伞花序；萼片 4，白色，椭圆形，先端钝；花丝倒披针状线形，花药椭圆形。瘦果椭圆球形，黑色，先端具短喙。花期 6 月，果期 7 月。

产宁夏六盘山，多生于石崖下、林下及阴坡草丛中。分布于东北、华北及西北各省（自治区、直辖市）。

毛茛科 Ranunculaceae | 25

（5）丝叶唐松草 *Thalictrum foeniculaceum* Bunge.

多年生草本。茎直立，具纵沟棱，无毛。基生叶 3~4 回三出复叶，小叶狭线形，边缘反卷，无毛；叶柄纤细，基部成鞘状；茎生叶 2~3 回三出复叶。伞房状复单歧聚伞花序，顶生；萼片 5，淡橘红色，狭倒卵形；花药线形，花丝丝状；心皮卵形，柱头短，椭圆形。瘦果纺锤形。花期 5~6 月，果期 6~7 月。

产宁夏罗山、南华山及固原市，多生于干旱山坡或多石砾处。分布于甘肃、陕西、山西、河北和辽宁等省。

（6）腺毛唐松草 *Thalictrum foetidum* L.

多年生草本，茎直立，圆柱形，常紫红色，上部密生白色短柔毛。叶 2~3 回羽状复叶，小叶片宽倒卵形，3 浅裂，上面绿色，被白色短柔毛，背面灰绿色，被白色短柔毛与腺毛。圆锥花序顶生和腋生，萼片 5，卵形，黄绿色带紫红色，雄蕊多数，花丝丝状，花药线形，先端具尖头；心皮 4~9 个，子房无柄，花柱短，柱头三角形。瘦果纺锤形，具纵棱脊，被短腺毛，宿存。花期 6 月，果期 7 月。

产宁夏贺兰山，多生于山坡草地及灌木丛中。分布于西藏、四川、青海、新疆、甘肃、陕西、山西、河北和内蒙古等省（自治区）。

（7）长喙唐松草 *Thalictrum macrorhynchum* Franch.

多年生草本。茎直立，具纵条棱，带紫红色。茎下部叶 3 回三出复叶，上部叶 2 回三出复叶，小叶片倒卵形，先端 3 浅裂，裂片先端圆，有时顶裂片再 3 裂，基部圆形；下部叶柄基部鞘状，上部叶无柄；托叶棕褐色，膜质。伞房状单歧聚伞花序，顶生；萼片 4，白色；雄蕊多数，花丝上部三分之一扩展为倒卵状披针形，无毛，花药椭圆形。瘦果狭长卵形，两面具纵棱，宿存花柱长而拳卷。花期 6 月，果期 7 月。

产宁夏六盘山，多生于石崖下阴湿处或林缘。分布于河北、山西、湖北、陕西、甘肃等省。

（8）东亚唐松草 *Thalictrum minus* L. var. *hypdeucum* (Sieb. et Zucc.) Miq.

多年生草本。茎直立，具纵沟棱，无毛。叶 2~3 回羽状复叶，小叶倒卵形，先端 3 浅裂，裂片全缘或具 2~3 疏齿牙，顶端具短尖头，边缘反卷，叶脉在背面明显隆起；叶柄基部扩展成鞘状；小叶柄与叶轴连接处具关节。圆锥花序顶生；萼片 4，淡黄色，倒卵状长椭圆形，先端钝，成撕裂状；雄蕊多数，花丝丝状，花药线形，先端具短尖。瘦果椭圆形，具纵棱脊，无毛，果喙箭头状。花期 7~8 月，果期 8~9 月。

产宁夏贺兰山，多生于山地林缘或山谷沟边。分布于广东、湖南、贵州、四川、湖北、安徽、江苏、河南、陕西、山西、山东、河北、内蒙古、辽宁、吉林和黑龙江等省（自治区）。

（9）瓣蕊唐松草 *Thalictrum petaloideum* **L.**

多年生草本。茎直立，具纵沟棱，无毛。叶 3~4 回三出复叶，小叶倒卵形，不裂或 2~3 深裂，先端圆钝，两面无毛；基部叶具柄，上部叶无柄。伞房状复单歧聚花伞序，花梗无毛，萼片 4，椭圆形，先端圆钝；雄蕊多数，花丝上部呈倒卵状披针形，下部成丝状，花药椭圆形。瘦果椭圆形，先端具伸直或稍弯的喙。花期 6~7 月，果期 7~8 月。

产宁夏六盘山、罗山、南华山及隆德、同心等县，多生于林缘、路边、干旱山坡及山地田梗边。分布于华北、西北及山东、河南、四川等省。

（10）长柄唐松草 *Thalictrum przewalskii* **Maxim.**

多年生草本。茎直立，具纵沟棱，中空。叶 4 回羽状复叶，小叶近圆形，先端 3 浅裂，疏被短毛和腺点；叶柄基部成鞘状，叶柄与叶轴连接处呈关节状。圆锥花序；萼片 4，白色，椭圆形，边缘具短缘毛；雄蕊多数，花丝上部狭倒披针形，下部丝状，花药椭圆形；心皮椭圆形，具细长梗，花柱柱头箭头状。瘦果斜倒卵形，先端具长喙，果梗丝状，下垂。花期 6~7 月，果期 7~8 月。

产宁夏六盘山，多生于石崖下、灌木丛中或草地。分布于西藏、四川、青海、甘肃、陕西、湖北、河南、山西、河北和内蒙古等省（自治区）。

（11）短梗箭头唐松草 *Thalictrum simplex* L. var. *brevipes* Hara

多年生草本。茎直立，不分枝，具纵沟棱，无毛。叶 2 回羽状复叶，小叶倒卵状楔形，不裂或先端 3 浅裂，裂片卵状披针形；叶柄粗短，成鞘状。圆锥花序顶生，分枝向上直展；花多数；萼片 4，淡黄绿色，卵状椭圆形，先端尖，边缘膜质；雄蕊多数，花丝丝形，花药线形，先端具尖头；心皮 5~8 或较多，椭圆形，无毛。柱头箭头状，瘦果近卵形，具短硬。花期 7 月，果期 8 月。

产宁夏六盘山及固原市原州区，多生于湿润草地。分布于东北、华北及陕西、甘肃、青海、四川等省。

（12）展枝唐松草 *Thalictrum squarrosum* Steph et Willd.

多年生草本。茎直立，具纵沟棱。叶 2~3 回羽状复叶，小叶倒卵形，先端 3 浅裂或全缘，裂片先端突尖，边缘反卷；茎中下部叶向上直展，具短柄。圆锥状复二歧聚伞花序，花梗纤细；萼片 4，黄绿色，长椭圆形，先端撕裂状；雄蕊多数，花丝丝形，花药线形，先端具短尖；心皮少数，子房椭圆形，柱头具稍宽的翅。瘦果近纺锤形，无毛，具纵棱脊。花期 7 月，果期 8 月。

产宁夏贺兰山、六盘山及固原市原州区。分布于陕西、山西、河北、内蒙古、辽宁、吉林和黑龙江等省（自治区）。

（13）细唐松草 _Thalictrum tenue_ Franch.

多年生草本。茎丛生，直立。茎中下部叶为 3~4 回羽状复叶，小叶椭圆形，基部圆形，全缘，有时具 1~2 浅裂。花单生叶腋或单歧聚伞花序生叶腋，组成顶生圆锥花序；花梗纤细；萼片 4，黄绿色，椭圆形，先端圆钝；雄蕊多数，花丝丝状，花药线形，具尖头。瘦果斜倒卵形，扁平，沿背缝线和腹缝线各具狭翅，具果梗。花期 6~8 月，果期 8~9 月。

产宁夏贺兰山和中卫香山，多生于石质干旱山坡。分布于甘肃、内蒙古、陕西、山西和河北等省（自治区）。

4. 蓝堇草属　_Leptopyrum_ Reichb.

蓝堇草 _Leptopyrum fumarioides_ (L.) Reichb.

一年生草本，直根细长，黄褐色；茎具纵沟棱。基生叶 2 回三出复叶，叶片卵形，3 全裂；顶生小叶片具柄，叶柄基部扩展成鞘，叶鞘两侧具 2 个锥形叶耳；茎上部叶柄极短，全部扩展成鞘。单歧聚伞花序；萼片 5，花瓣状，狭卵形；蜜叶 2 唇形，下唇短，上唇全缘；雄蕊多数；心皮 5~20。蓇葖果。花果期 6~7 月。

产宁夏贺兰山及固原市。分布于新疆、青海、甘肃、陕西、山西、河北、内蒙古、辽宁、吉林和黑龙江等省（自治区）。

5. 拟耧斗菜属 *Paraquilegia* Drumm. et Hutch.

乳突拟耧斗菜 *Paraquilegia anemonoides* (Willd.) Engl. ex Ulbr.

多年生草本。叶全部基生，具长柄，叶 2 回三出复叶，小叶片三角状宽卵形，3 深裂达基部，中裂片倒卵形，3 浅裂至中裂，侧裂片斜卵形；花单生；苞片 2，披针形；萼片 5，浅紫红色，卵形；花瓣 5，黄色，倒卵形，顶端 2 裂；雄蕊多数，花丝线形；心皮 5~7。蓇葖果。花果期 7~8 月。

产宁夏贺兰山，多生于海拔 2600~3000m 的山地岩石缝隙中。分布于西藏、新疆、青海和甘肃等省（自治区）。

6. 耧斗菜属 *Aquilegia* L.

（1）无距耧斗菜 *Aquilegia ecalcarata* Maxim.

多年生草本。根粗壮，圆锥形。茎丛生，多分枝。基生叶 2 回三出复叶，顶端小叶片扇形，3 深裂，中裂片 3 浅裂，侧裂片不等 2 裂，末回裂片倒卵形；顶生小叶柄。单歧聚伞花序；萼片 5，深紫色，卵状披针形；花瓣 5，倒卵状长矩圆形，先端截形，基部无距；雄蕊多数，花丝线形，花药卵形，先端尖，黄色；退化雄蕊披针形，先端渐尖，膜质；心皮 5，披针形，花柱长，被短毛。蓇葖果。花期 6~7 月，果期 7~8 月。

产宁夏六盘山，生于海拔 2000~2500m 的山坡草丛或石质河滩地。分布于西藏、四川、贵州、湖北、河南、陕西、甘肃和青海等省（自治区）。

（2）**甘肃楼斗菜** *Aquilegia oxysepala* Trautv. et Mey. var. *kansuensis* Bruhl

多年生草本。茎直立，多分枝。基生叶 1~2 回三出复叶，顶生小叶宽卵形，3 深裂，裂片先端具圆钝齿，侧生小叶斜宽卵形，2 深裂或不等 3 裂。单歧聚伞花序，花梗上部密被短柔毛；萼片 5，紫红色，披针形；花瓣 5，黄色，倒卵状矩圆形，先端圆截，基部延伸成距；雄蕊多数；退化雄蕊卵状长椭圆形，膜质；心皮 5，密被短柔毛。蓇葖果。花期 5~6 月，果期 6~7 月。

产宁夏六盘山和贺兰山，生于石质河滩地或山坡草地。分布于陕西、甘肃、四川、云南、湖北等省。

（3）耧斗菜 *Aquilegia viridiflora* Pall.

多年生草本。茎直立。基生叶为三出复叶，小叶卵形，顶生小叶 3 全裂，中全裂片宽倒卵形；茎生叶与基生叶相似，具短柄或无柄。单歧聚伞花序，萼片 5，黄绿色，卵形；花瓣 5，黄绿色，倒三角状矩圆形，基部延伸成距；雄蕊多数；心皮 5，线状披针形，密被腺毛或柔毛，花柱细长。蓇葖果。花期 6 月，果期 7 月。

产宁夏贺兰山，多生于林下或灌丛下的岩石缝隙中。分布于青海、甘肃、陕西、山西、山东、河北、内蒙古、辽宁、吉林和黑龙江等省（自治区）。

（4）紫花耧斗菜 *Aquilegia viridiflora* Pall. var. *atropurpurea* (Willdenow) Finet & Gagnepain.

本变种与正种的区别是萼片蓝紫色或紫色。产宁夏贺兰山和罗山，生于林缘或沟边。分布于辽宁、内蒙古、河北、山西、青海等省（自治区）。

7. 乌头属 *Aconitum* L.

（1）西伯利亚乌头 *Aconitum barbatum* Pers. var. *hispidum* DC. Seringe.

多年生草本。具直根。茎直立，单生，被反曲的短柔毛。基生叶及茎下部叶具长柄；叶片轮廓肾形，3 全裂，全裂片无柄，中全裂片菱形，下部 3 深裂，裂片羽状深裂，小裂片披针形。总状花序，具多数花；萼片 5，黄色，上萼片圆筒形，密被黄色绒毛，侧萼片宽倒卵形；蜜叶 2，具长爪，瓣片先端微 2 裂，无毛；雄蕊多数，花丝上部丝形，下部扩展为宽线形，无毛，花药近圆形；心皮 3，无毛。花期 6~7 月。

产宁夏六盘山、南华山和固原，生于海拔 1900m 左右的林缘草地和山坡草甸。分布于黑龙江、吉林、内蒙古、河北、山西、陕西、河南、甘肃、新疆等省（自治区）。

（2）伏毛铁棒锤 *Aconitum flavum* Hand. -Mazz.

多年生草本。块根纺锤形，常 2 个并生。茎直立，单一，不分枝。无基生叶，茎生叶密集茎的中上部，宽卵形，3 全裂，全裂片再 1~2 回羽状深裂，末回裂片线形，上面绿色，背面淡绿色，两面无毛。总状花序顶生，具多数花，密集；萼片 5，紫红色，上方萼片船状，侧萼片倒圆卵形，下方萼片卵状椭圆形，萼片背面均被短毛；蜜叶弧形，瓣片被柔毛；雄蕊多数，花丝下部扩展，无毛，花药近圆形；心皮 5，被短柔毛。花期 8 月。

产宁夏六盘山和南华山，生于阴坡及河滩草地。分布于四川、西藏、青海、甘肃和内蒙古等省（自治区）。

（3）松潘乌头 *Aconitum sungpanense* Hand. -Mazz.

多年生草本。茎缠绕。叶轮廓近圆形，3 全裂，中全裂片卵状菱形至卵状披针形，先端渐尖，基部渐狭成短柄，羽状深裂，裂片卵形至披针形，具缺刻状齿，侧裂片具柄，不等 2 裂，边缘具不规则的缺刻状齿，两面无毛；叶柄无毛。总状花序具少数花；萼片 5，淡蓝紫色，上方萼片高帽状，侧萼片倒卵状圆形，下方萼片狭椭圆形；密叶无毛或近无毛，距短小，反曲；雄蕊多数，花丝多具 2 齿；心皮 5。蓇葖果，具喙。花期 8~9 月，果期 9~10 月。

产宁夏六盘山和隆德，多生于林缘草地。分布于山西、陕西、甘肃、青海、四川等省。

（4）聚叶花葶乌头 *Aconitum scaposum* Franch. var. *vaginatum* (Pritz.) Rapaics

多年生草本。茎直立。基生叶 3~4 枚，具长柄；叶片肾状五角形，3 深裂，中裂片倒卵状菱形，不明显 3 浅裂，侧裂片 2 浅裂，边缘均呈粗齿状；茎生叶常密集于花序下。总状花序顶生，萼片蓝紫色，外面被短毛，上萼片圆筒形，侧萼片倒卵形，下萼片斜椭圆形；花瓣较萼片短，爪无毛，距拳卷；心皮 3，子房被柔毛。蓇葖果。花期 8~9 月，果期 9 月。

产宁夏六盘山及固原市，生于海拔 2300m 左右的山坡草地。分布于云南、四川、贵州、湖南、湖北、甘肃和陕西。

（5）高乌头 *Aconitum sinomontanum* Nakai

多年生草本。具直根。茎直立，圆柱形。基生叶 1 片，具长柄，无毛；叶片轮廓肾形，基部深心形，3 深裂几达基部，中裂片倒卵状菱形，再不等 3 浅裂，先端具不规则的卵状锐齿牙。总状花序顶生，下部具分枝；萼片 5，淡紫色，上方萼片高筒状，侧萼片倒卵形，下方萼片狭卵形，外面密被反曲的短柔毛，侧萼片里面具一簇长柔毛；密叶具长爪，距内卷；雄蕊多数，花丝上部丝形，下部扩展；心皮 3，疏被短柔毛。花期 7 月。

产宁夏六盘山和南华山，多生于林缘、灌丛。分布于四川、贵州、湖北、青海、甘肃、陕西、山西和河北等省。

8. 露蕊乌头属　*Gymnaconitum* (Stapf) Wei Wang & Z. D. Chen

露蕊乌头 *Gymnaconitum gymnandrum* (Maxim.) Wei Wang & Z. D. Chen

一年生草本。具直根，棕褐色。茎直立，分枝开展，被长柔毛。叶片宽卵形，3 全裂，全裂片具短柄，中全裂片再 3 裂，侧全裂片 2~3 裂，各裂片再羽状深裂，末回裂片线形。总状花序，花梗密被柔毛；萼片 5，蓝紫色，具长爪，外面疏被长柔毛，上方萼片船形；蜜叶 2，与上方萼片近等长，瓣片扇形，爪较宽；雄蕊多数，露于萼片外，花丝疏被柔毛，花药蓝黑色；心皮 6~8，被长柔毛，柱头 2 裂。蓇葖果疏被短柔毛。花期 7 月，果期 8 月。

产宁夏六盘山和南华山。生于海拔 2000~2500m 的山地草甸和灌丛。分布于甘肃、青海、四川、西藏等省（自治区）。

9. 翠雀属 *Delphinium* L.

（1）白蓝翠雀花 *Delphinium albocoeruleum* Maxim.

多年生草本。茎直立。基生叶及茎下部叶具长柄，叶片轮廓五角形，3 深裂，中裂片菱形，中部再 3 裂，侧裂片不等 2 裂。伞形花序具少数花，花梗密被柔毛；小苞片线形，萼片5，蓝紫色，宽卵形，退化雄蕊 2，瓣片 2 浅裂，中部具黄色髯毛；蜜叶 2，黑褐色，先端不裂；雄蕊多数；心皮 3 个。蓇葖果。花期 7~8 月。

产宁夏贺兰山，生于海拔 1800~2800m 的云杉林缘草甸和灌丛。分布于四川、西藏、青海和甘肃等省（自治区）。

（2）翠雀 *Delphinium grandiflorum* L.

多年生草本。茎直立。基生叶及茎下部叶具长柄；叶片轮廓五角形，3 全裂，全裂片 2 回羽状细裂，小裂片线形。总状花序；花萼 5，深蓝色，长椭圆形，背面被反曲的短柔毛；退化雄蕊 2，具爪，瓣片短圆状椭圆形，先端微 2 裂，边缘具腺毛；蜜叶先端不裂；雄蕊多数；心皮 3 个。蓇葖果。花期 6~7 月。

产宁六盘山及海原县，多生于山坡草丛及山谷沟畔。分布于云南、四川、山西、河北、内蒙古、辽宁、吉林和黑龙江等省（自治区）。

（3）软毛翠雀花 *Delphinium mollipilum* W. T. Wang

多年生草本。茎具分枝。基生叶具长柄，茎生叶向上叶柄渐短。叶片轮廓肾形，3 全裂，中全裂片 2 回条裂，侧裂片 2 深裂，裂片 2 回条裂。花序伞房状；萼片 5，蓝色，椭圆形，距与萼片等长，末端常 2 浅裂，外面被柔毛；退化雄蕊具爪，瓣片卵圆形，先端不裂，中部具黄色髯毛；蜜叶先端不裂；雄蕊多数；心皮 3 个。蓇葖果。花期 7~8 月。

产宁夏贺兰山，多生于海拔 1400~2500m 林缘、干旱山坡或灌木丛中。分布于宁夏和内蒙古等省（自治区）。

（4）细须翠雀花 *Delphinium siwanense* Franch.

多年生草本。茎多分枝。叶五角形，背面被短柔毛，3 深裂近基部，中央裂片 3 深裂，2 回裂片线状披针形。伞形花序，具花 2~10 朵；花梗密被柔毛和腺毛；小苞片生花梗中部，线形，密被柔毛；萼片 5，蓝紫色，卵形，距钻形；蜜叶瓣片蓝黑色；退化雄蕊 2，瓣片蓝黑色，2 浅裂，被黄色髯毛；雄蕊无毛；子房疏被柔毛。蓇葖果。花期 7~8 月，果期 9 月。

产宁夏六盘山，生于海拔 1800m 左右的山坡草地。分布于甘肃、陕西、山西和内蒙古等省（自治区）。

（5）秦岭翠雀花 *Delphinium giraldii* Diels

茎直立。茎下部叶有稍长柄；叶片五角形，三全裂，中央全裂片菱形或菱状倒卵形，渐尖，在中部三裂，二回裂片有少数小裂片和卵形粗齿，侧全裂片宽为中央全裂片的二倍，不等二深裂近基部，两面均有短柔毛；叶柄长约为叶片的 1.5 倍，基部近无鞘。茎上部叶渐变小。总状花序数个组成圆锥花序；花梗斜上展；小苞片生花梗中部，钻形；萼片蓝紫色，卵形或椭圆形，外面有短柔毛，距钻形，直或呈镰状向下弯曲；花瓣蓝色，顶端二浅裂；退化雄蕊蓝色，瓣片二裂稍超过中部，腹面有黄色髯毛，爪与瓣片近等长，基部有钩状附属物；雄蕊无毛；心皮 3，无毛。蓇葖果。7~8 月开花。

产宁夏六盘山及泾源县，生于海拔 960~2000m 山地草坡或林中。分布于四川、甘肃、陕西、湖北、河南和山西等省。

（谭飞　拍摄）

（6）多枝翠雀花 *Delphinium maximowiczii* Franch.

多年生草本。茎密被反曲并贴伏的短柔毛，自下部或中部 1~3 回分枝，枝条斜展。基生叶有长柄，在开花时常枯萎，茎生叶具短柄；叶片很似翠雀，圆五角形，三全裂，全裂片细裂，小裂片狭披针形至线形，两面均被贴伏的短柔毛。伞房花序生分枝的顶端，通常有 2 花；苞片叶状；花梗密被贴伏的短柔毛；小苞片生花梗中部或上部，长圆形或线形，密被短柔毛；萼片蓝色，倒卵形或椭圆形，外面有短柔毛，距钻形，末端稍向下弯；花瓣蓝色，顶端圆形；退化雄蕊蓝色，瓣片倒卵形，二浅裂或分裂达中部，腹面有黄色髯毛；雄蕊无毛；心皮 3，子房密被灰白色贴伏的短柔毛。种子小，密生鳞状横翅。7~8 月开花。

产宁夏南华山，生于 2400m 山地草甸。分布于四川和甘肃等省。

10. 驴蹄草属 *Caltha* L.

驴蹄草 *Caltha palustris* L.

多年生草本。茎直立或斜升。基生叶具长柄，叶片肾形，先端圆钝，基部深心形，边缘密生小齿牙；叶柄基部扩展成鞘状；茎生叶与基生叶同形，下部叶具短柄，上部叶无柄。单歧聚伞花序常具 2 朵花；萼片 5，黄色，倒卵形；雄蕊多数；心皮 5~12，无毛。蓇葖果。花期 5~7 月，果期 7~9 月。

产宁夏六盘山及固原市，多生于溪流水沟边。分布于西藏、云南、四川、浙江、甘肃、陕西、河南、山西、河北、内蒙古和新疆等省（自治区）。

11. 类叶升麻属 *Actaea* L.

（1）类叶升麻 *Actaea asiatica* Hara

多年生草本；茎直立，具纵沟棱。茎下部叶 3 回三出复叶，小叶宽卵形，顶端小叶 3 浅裂，侧生小叶 2~3 浅裂或不裂；顶生小叶具柄，侧生小叶无柄；茎上部叶为 2 回三出复叶。总状花序，萼片 4，白色，倒卵形，早落；雄蕊多数，花丝丝状；心皮 1。浆果球形，黑色。花期 5~6 月，果期 7~8 月。

　　产宁夏贺兰山和六盘山，多生于林缘、沟边。分布于西藏、云南、四川、湖北、青海、甘肃、陕西、山西、河北、内蒙古、辽宁、吉林和黑龙江等省（自治区）。

　　（2）升麻 *Actaea cimicifuga* **L.**

　　多年生草本。茎直立，具纵棱。基生叶及茎下部叶 2~3 回三出羽状复叶，小叶片菱形，3 浅裂至深裂，裂片先端长渐尖，基部楔形，边缘具不规则的尖锯齿。花序圆锥状；花两性，萼片 5，花瓣状，白色，倒卵状椭圆形；退化雄蕊椭圆形，顶端近膜质，微凹；雄蕊多数；心皮 2~5。蓇葖果 3~5。花期 7~9 月，果期 8~10 月。

　　产宁夏六盘山、罗山、南华山，多生于林缘草丛。分布于西藏、云南、四川、青海、甘肃、陕西、河南和山西等省（自治区）。

　　（3）单穗升麻 *Actaea simplex* **(DC.) Wormsk. ex Prantl**

　　多年生草本。茎单一，直立。叶互生，下部茎生叶具长柄，叶片裂或浅裂，边缘具锯齿，侧生小叶无柄，斜狭卵形，较顶生小叶小，表面无毛，背面沿脉疏生柔毛；茎上部叶较小，1~2 回羽状三出。总状花序；萼片宽椭圆形；雄蕊多数，退化雄蕊椭圆形，顶端膜质，2 浅裂；心皮 2~7。蓇葖果。花期 8~9 月，果期 9~10 月。

产宁夏六盘山，生于海拔 2700m 左右的山坡草地、林缘、灌丛。分布于四川、甘肃、陕西、河北、内蒙古、辽宁、吉林和黑龙江等省（自治区）。

（谭飞 拍摄）

12. 铁筷子属 *Helleborus* L.

铁筷子 *Helleborus thibetanus* Franch.

多年生草本。茎直立，上部分枝。基生叶常 1 枚，具长柄，叶片轮廓心形，鸟足状 3 全裂，中央全裂片椭圆状披针形，侧全裂片不等 3 全裂，下面一个裂片再 2~3 全裂，边缘具不整齐的尖重锯齿。花单生或 2 朵生茎顶；萼片卵状椭圆形，宿存；蜜叶 8~10，淡黄绿色，圆筒状漏斗形，具短柄；雄蕊多数，花药椭圆形；心皮 2~3。蓇葖果。花期 4 月，果期 5 月。

产宁夏六盘山，多生于疏林或灌丛中。分布于四川、甘肃、陕西和湖北等省。

13. 铁线莲属 *Clematis* L.

（1）芹叶铁线莲 *Clematis aethusifolia* Turcz.

藤本或直立草本。叶 2~3 回羽状复叶，末回裂片线形。聚伞花序叶腋生，具 1~3 朵花，花萼钟形，下垂，萼片 4 个，淡黄色，矩圆状长椭圆形；花丝扁平带状，花药长椭圆形，子房扁平，花柱密被长柔毛。瘦果椭圆形。花期 6~9 月，果期 8~10 月。

产宁夏贺兰山、罗山、南华山及盐池、中卫、固原市原州区、海原、西吉等市（县），多生于山坡、山谷及山沟内。分布于青海、甘肃、陕西、山西、河北和内蒙古等省（自治区）。

（2）短尾铁线莲 *Clematis brevicaudata* DC.

草质藤本。2 回羽状复叶，小叶片卵形；叶轴疏被短柔毛，小叶柄无毛。圆锥状聚伞花序，具多数花，总花梗与花梗均被短柔毛；萼片 4 个，白色，狭倒卵形；花丝线形，无毛。瘦果狭卵形。花期 7~8 月，果期 8~9 月。

产宁夏六盘山、贺兰山和罗山，生于海拔 1800~2400m 的沟谷灌丛。分布于西藏、云南、四川、甘肃、青海、陕西、河南、湖南、浙江、江苏、山西、河北、内蒙古、辽宁、吉林、黑龙江等省（自治区）。

（3）灌木铁线莲 *Clematis fruticosa* Turcz.

直立灌木。单叶对生或在短枝上簇生，叶片长椭圆形，边缘具少数裂片状尖锯齿，基部 2 裂片较大。花单生叶腋或成含 3 朵花的聚伞花序；萼片 4，椭圆形，常具 1 角状尖，全缘，背部中间黄褐色，无毛，边缘黄色；雄蕊花丝披针形。瘦果卵形。花期 7~8 月，果期 8~9 月。

产宁夏贺兰山和盐池县，生于向阳干旱山坡或山麓。分布于甘肃、陕西、山西、河北和内蒙古等省（自治区）。

（4）粉绿铁线莲 *Clematis glauca* Willd.

草质藤本。1~2 回羽状复叶，末回小叶片椭圆形，先端钝，基部圆楔形，具短柄。聚伞花序叶腋生，具 3 朵花，小花梗除中间者均有 1 对叶状苞；萼片 4，黄色或外面基部带紫红色；花丝扁，披针形；子房被毛。瘦果卵圆形。花期 7~8 月，果期 8~9 月。

产宁夏六盘山和中卫市，生于山坡或灌丛。分布于山西、陕西、甘肃、青海、新疆等省（自治区）。

（5）粗齿铁线莲 Clematis grandidentata (Rehder & E. H. Wilson) W. T. Wang

草质藤本。叶为1回羽状复叶，具小叶5；小叶卵形，基部圆形，边缘具不规则的粗大锯齿，下部三分之一或二分之一全缘；侧生小叶柄与叶轴均被短柔毛。聚伞花序，具3朵花；花梗与花序梗均被短柔毛；萼片4，白色，椭圆形；花丝线形。瘦果卵圆形。花期5~6月，果期7~9月。

产宁夏六盘山，多生于海拔1600~2000m的山坡林下。分布于云南、贵州、四川、甘肃、陕西、山西、河北、河南、安徽、湖北、湖南、浙江等省。

（6）棉团铁线莲 Clematis hexapetala Pall.

多年生草本。茎直立，具纵棱。叶近革质，1~2回羽状深裂至全裂，裂片披针形，全缘。聚伞花序，具3朵花；萼片6，白色，长倒卵形，先端圆钝，开展后常反折；雄蕊无毛，花丝线形；子房密被柔毛。瘦果倒卵形。花期7~8月，果期8~9月。

产宁夏六盘山，生于海拔1700m左右的山坡草地、林缘灌丛中。分布于甘肃、陕西、山西、河北、内蒙古、辽宁、吉林和黑龙江等省（自治区）。

（7）黄花铁线莲 *Clematis intricata* Bunge.

草质藤本。茎纤细，具纵沟棱。叶 1~2 回羽状复叶，小叶具柄，2~3 全裂，中裂片披针形，基部近圆形，侧裂片较短，下部常为不等的 2~3 裂。聚伞花序叶腋生，花萼钟形，黄色，萼片 4 个，狭卵形；花丝扁平带状，边缘具短毛，花药无毛；子房椭圆形。瘦果卵形。花期 7~8 月，果期 8~9 月。

宁夏全区普遍分布，生于山坡、路旁和田边。分布于青海、甘肃、陕西、山西、河北、辽宁和内蒙古等省（自治区）。

（8）长瓣铁线莲 *Clematis macropetala* Ledeb.

木质藤本。2 回三出复叶，小叶片卵状披针形，常偏斜，边缘中部具不整齐的裂片状锯齿。花单生于当年生短枝顶端，花萼钟形，萼片 4 个，蓝色或淡蓝紫色，狭卵形；退化雄蕊花瓣状，披针形，外面密被绒毛；雄蕊花丝线形；心皮倒卵形。瘦果卵状披针形。花期 5~6 月，果期 6~7 月。

产宁夏贺兰山、六盘山和南华山，生于山坡灌丛和林缘。分布于青海、甘肃、陕西、山西和河北等省。

（9）白花长瓣铁线莲 Clematis macropetala Ledeb. var. *albiflora* (Maxim.) Hand. -Mazz.

与正种的区别为花白色而较大，萼片先端稍钝，背面密被柔毛，内面无毛。

产宁夏贺兰山，生于林缘或松林下。分布于山西。

（10）绣球藤 Clematis montana Buch. -Ham. ex DC.

木质藤本。茎圆柱形。三出复叶，对生或数叶簇生，侧生小叶几无柄，小叶片椭圆形，先端长渐尖，基部楔形，边缘上部三分之二或二分之一具缺刻状粗锯齿。花 1 ～ 6 朵与叶簇生；萼片 4，白色，倒卵状长圆形；花丝线形；子房倒卵状椭圆形，花柱密被黄白色长毛。瘦果三角状宽卵形。花期 5~7 月，果期 6~8 月。

产宁夏六盘山，生于海拔 1900~2700m 的山坡灌丛或向阳草坡。分布于西藏、云南、贵州、四川、甘肃、陕西、河南、湖北、湖南、广西、江西、福建、台湾和安徽等省（自治区）。

（11）小叶铁线莲 *Clematis nannophylla* Maxim.

直立灌木。单叶对生或数叶簇生，叶片轮廓卵形，羽状全裂，裂片再作羽状深裂，裂片或小裂片为椭圆形至宽倒楔形或披针形。花单生枝条顶端叶腋或为 3 朵花的聚伞花序；萼片 4，椭圆形，边缘黄色；花丝披针形，花药无毛。瘦果狭卵形。花期 7~9 月，果期 9~10 月。

产宁夏罗山和中卫香山，生于干旱山坡、砾石滩地。分布于青海、甘肃和陕西等省。

（12）毛果铁线莲 *Clematis peterae* Hand. -Mazz. var. *trichocarpa* W. T. Wang

木质藤本。1 回羽状复叶，小叶 5 片；小叶片卵形，3 浅裂，先端尖，基部近圆形。圆锥状聚伞花序，花密；萼片 4，白色，倒卵形；花丝扁平，子房被毛，花柱被绢毛。瘦果卵形。花期 7~8 月，果期 8~9 月。

产宁夏六盘山，生于海拔 2000m 左右的山坡草地、灌丛。分布于云南、贵州、四川、湖北、甘肃、陕西、河南、山西和河北等省。

（13）甘青铁线莲 *Clematis tangutica* (Maxim.) Korsh.

木质藤本。1回羽状复叶，具5~7个小叶，小叶基部常2~3裂。花单生，有时为聚伞花序，具3朵花；萼片4，椭圆形，黄色；花丝扁平带状，花药无毛；子房密生柔毛。瘦果狭卵形。花期6~9月，果期9~10月。

产宁夏六盘山、贺兰山、香山及南华山。分布于新疆、西藏、四川、青海、甘肃和陕西等省（自治区）。

（14）灰叶铁线莲 *Clematis tomentella* (Maximowicz) W. T. Wang & L. Q. Li.

直立小灌木。单叶对生或数叶簇生，狭披针形，先端锐尖，基部楔形，全缘，两面被柔毛，灰绿色。花单生或聚伞花序具3朵花，叶腋生或顶生；萼片4，黄色，长椭圆状卵形，先端尾尖；花丝狭披针形。瘦果密生白色柔毛。花期7~8月，果期8~9月。

产宁夏中卫香山、同心、灵武市白芨滩，多生于干旱的向阳山坡。分布于内蒙古、甘肃等省（自治区）。

14. 银莲花属 *Anemone* L.

（1）阿尔泰银莲花 *Anemone altaica* Fisch.

根状茎横走或稍斜。基生叶 1 或不存在，有长柄；叶片薄草质，宽卵形，三全裂，中全裂片有细柄，又三裂，边缘有缺刻状牙齿。苞片 3，宽菱形，基部浅心形，三全裂，中全裂片狭菱形，三浅裂；萼片 8~9，白色，倒卵状长圆形，顶端圆形；花丝近丝形；心皮 20~30。瘦果卵球形。3 月至 5 月开花。

产宁夏六盘山，生于阳坡草地或灌木丛中。分布于湖北、河南、陕西和山西。

（2）展毛银莲花 *Anemone demissa* Hook. f. et Thomson.

多年生草本。基生叶 5~15 片，3 全裂，中全裂片菱状倒卵形，3 深裂，侧裂片倒卵形，不等 3 深裂，表面绿色，背面淡绿色，疏被柔毛。花茎 1~2 个；苞片 3，3 深裂，裂片长椭圆形。萼片 5~6，蓝紫色，倒卵状椭圆形；雄蕊花丝线形。瘦果扁平，椭圆形。花期 6 月，果期 7 月。

产宁夏贺兰山，多生于林缘草地或山坡草丛中。分布于四川、甘肃、青海和西藏等省（自治区）。

（3）小银莲花 *Anemone exigua* **Maxim.**

多年生草本。基生叶 2~3 片，叶片心状五角形，3 全裂，中全裂片宽菱形，先端不明显的 3 浅裂，中部以上具圆钝齿，侧全裂片斜卵形，不等 2 裂。花茎常单生；萼片 5，白色，背面带紫红色，倒卵形，先端钝；雄蕊 15 个以下，花丝白色，丝状，花药椭圆形；心皮 6 个。瘦果黑色，椭圆形。花期 5~6 月。

产宁夏六盘山，多生于海拔 2000m 左右的河谷草地或林缘。分布于云南、四川、青海、甘肃、陕西和山西等省。

（4）疏齿银莲花 *Anemone geum* **H. Léveillé subsp.** *ovalifolia* **(Bruhl) R. P. Chaudhary**

多年生草本。基生叶 4~10 片，叶片卵形，3 全裂，中全裂片菱状倒卵形，先端 3 深裂，上半部具圆钝齿。苞片 3，无柄，3 深裂；花常单生，萼片 5，白色，背面带紫色，倒卵形，先端钝；雄蕊多数，花丝宽扁，花药椭圆形，先端具尖头；心皮多数。花期 6~7 月。

产宁夏六盘山和南华山，多生于海拔 2000~2500m 的山坡林下或山坡草地。分布于西藏、云南、四川、青海、新疆、甘肃、陕西、山西和河北等省（自治区）。

（5）长毛银莲花 Anemone narcissiflora L. var. crinita (Juz.) Kitag.

多年生草本，根茎直立。基生叶片近圆形，3 全裂，中全裂片菱状倒卵形，两面疏被长柔毛。苞片 3~4，3 深裂；花 1~3；萼片 5~6，白色，倒卵形；雄蕊多数，花药椭圆形，先端钝；心皮多数。瘦果扁平，椭圆形。花期 6 月，果期 7 月。

产宁夏贺兰山，生于阳坡草地或灌木丛中。分布于新疆、内蒙古等省（自治区）。

（6）小花草玉梅 Anemone rivularis Buch. -Ham. var. flore-minore Maxim.

多年生草本。基生叶 3~6 片，叶片肾状五角形，3 全裂，中全裂片菱状卵形，3 深裂，中裂片 3 浅裂，上部具不规则粗锯齿。花单一，苞叶 3 片，3 深裂几达基部；柄成扁平鞘状，边缘具长毛；萼片 5，白色，倒卵状长椭圆形；雄蕊多数，花丝丝状；子房狭椭圆形无毛，花柱钩状拳卷。瘦果狭卵球形。花期 6 月。

产宁夏罗山、六盘山和南华山，多生于潮湿的山坡、山沟和草地。分布于四川、青海、新疆、甘肃、陕西、河南、山西、河北、内蒙古和辽宁等省（自治区）。

（7）大火草 *Anemone tomentosa* **(Maxim.) Pei.**

多年生草本。基生叶具长柄，三出复叶，小叶片近圆形，3浅裂至3深裂，先端急尖，基部心形，边缘具不规则的小裂片。聚伞花序顶生，花梗密被棉毛；萼片5，倒卵形，外面密生棉毛，淡粉红色；雄蕊多数，花丝丝形，花药椭圆形；心皮多数，子房密被绒毛。聚合果球形。花期7~8月。

产宁夏六盘山，多生于山坡荒地及山谷路边。分布于河北、湖北、山西、河南、陕西、甘肃、青海、四川、云南等省。

15. 白头翁属 *Pulsatilla* Adans.

（1）蒙古白头翁 *Pulsatilla ambigua* **(Turcz. ex Hayek) Juz.**

多年生草本，全株被白色长柔毛。叶卵形，2~3回羽状分裂；末回裂片线形，全缘或具1~2个小齿。具掌状深裂的总苞，下部合生成管状；苞片3，基部合生成短管，上部羽状分裂，裂片线形；萼片6，长圆状卵形，先端钝，外面被柔毛；雄蕊多数，长为萼片的1/2；瘦果长卵形，被柔毛，宿存花柱，羽毛状。花果期5~7月。

产宁夏罗山，生于海拔1800~3000m的山坡草地和灌丛。分布于新疆、青海、甘肃、内蒙古和黑龙江等省（自治区）。

（2）白头翁 *Pulsatilla chinensis* (Bunge) Regel

多年生草本，全株密被白色长柔毛。叶片宽卵形，3 全裂，中间裂片有柄，3 深裂，侧裂片较小，无柄，不等 2~3 裂，顶端具不规则浅裂或牙齿状，背面被长柔毛；叶柄密生长柔毛。花葶 1~2，总苞 3，叶状，基部合生成管状，上部 2~3 深裂；萼片 6，狭卵形，紫色。聚合瘦果头状。花期 4~5 月，果期 5~6 月。

产宁夏六盘山，生于山坡草地、田埂。分布于四川、湖北、江苏、安徽、河南、甘肃、陕西、山西、山东、河北、内蒙古、辽宁、吉林和黑龙江等省（自治区）。

（3）细叶白头翁 *Pulsatilla turczaninovii* Kryl. et Serg.

多年生草本。叶基生，具长柄，叶片轮廓卵形，2~3 回羽状分裂。花葶被长柔毛；总苞钟形，基部连合成筒，苞片细裂，末回裂片线形，里面无毛，外面被长柔毛；萼片 6，蓝紫色，长椭圆形，外面密被伏毛；雄蕊多数。瘦果长椭圆形。花果期 5~6 月。

产宁夏贺兰山和罗山，生于向阳山坡草地。分布于内蒙古、河北、辽宁、吉林和黑龙江等省（自治区）。

16. 碱毛茛属 *Halerpestes* Green

（1）长叶碱毛茛 *Halerpestes ruthenica* (Jacq.) Ovcz.

多年生草本。叶全部基生，叶片卵状梯形，先端具 3 个圆钝裂齿；叶柄基部扩展成鞘。花葶自叶丛中抽出；萼片 5，狭卵形，无毛；花瓣黄色，6~12 个，狭倒卵形；雄蕊多数，花丝线形。瘦果扁，斜倒卵形。花期 5~6 月，果期 7 月。

宁夏引黄灌区普遍分布，多生于盐碱沼泽、渠沟边、田边及低洼湿地。分布于新疆、青海、甘肃、陕西、山西、河北、内蒙古、辽宁、吉林和黑龙江等省（自治区）。

（2）碱毛茛 *Halerpestes sarmentosa* (Adams) Komarov & Alissova

多年生草本。叶基生，叶片圆形，边缘具 3~7 个圆钝齿裂，两面无毛；叶柄基部扩展成鞘。花葶 1~4 个由基部抽出；苞片线形，基部扩展成鞘状抱茎；萼片 5，卵形；花瓣 5，黄色，狭椭圆形，基部具爪；雄蕊多数。瘦果斜倒卵形。花期 5~7 月，果期 6~8 月。

宁夏全区普遍分布，多生于盐碱沼泽、渠沟旁、田边及低洼湿地。分布于西藏、四川、陕西、甘肃、青海、新疆、内蒙古、山西、河北、山东、辽宁、吉林和黑龙江等省（自治区）。

（3）三裂碱毛茛 *Halerpestes tricuspis* (Maxim.) Hand.-Mazz

多年生小草本。叶均基生；叶片质地较厚，形状多变异，菱状楔形至宽卵形，3 中裂至 3 深裂，中裂片较长，长圆形，全缘；叶柄基部有膜质鞘。花单生；萼片卵状长圆形；花瓣 5，黄色，狭椭圆形；雄蕊约 20，花药卵圆形。聚合果近球形。花果期 5 月至 8 月。

产宁夏南华山、六盘山及海原和隆德县，生于海拔 2200m 的沟底水边湿地。分布于西藏、四川、陕西、甘肃、青海和新疆等省（自治区）。

17. 毛茛属　*Ranunculus* L.

（1）茴茴蒜 *Ranunculus chinensis* Bunge.

一年生草本。茎直立。基生叶与茎下部叶具长柄，叶为三出复叶。花顶生和腋生；萼片 5，狭卵形，边缘膜质；花瓣 5，黄色，倒卵状椭圆形。聚合瘦果圆柱形。花果期 5~9 月。

宁夏普遍分布，多生于渠沟边及低洼草地。南北各省普遍分布。

（2）毛茛 *Ranunculus japonicus* **Thunb.**

多年生草本。茎直立。基生叶与茎下部叶具长柄，叶片轮廓圆心形，3深裂，中裂片倒卵状楔形，3浅裂，侧裂片斜倒卵形，不等2浅裂；上部叶具短柄，3深裂，裂片倒披针形，边缘具尖齿。聚伞花序顶生；萼片5，卵状椭圆形，边缘黄色；花瓣5，黄色，基部带棕色，蜜腺鳞片状；雄蕊多数，花药椭圆形。瘦果椭圆形。花果期6~7月。

产宁夏六盘山，多生于林缘草地。除西藏外，各省区广布。

（3）棉毛茛 *Ranunculus membranaceus* **Royle**

多年生草本。茎直立，具纵棱。基生叶多数，叶片线状披针形；叶柄上部稍扁，下部扩展成长的膜质叶鞘；茎生叶3裂几达基部，裂片线形，密生白色长柔毛。花单生茎顶；萼片5，椭圆形；花瓣5，黄色，宽倒卵形，基部具爪，蜜腺袋状；雄蕊多数；花托无毛。瘦果倒卵形。花果期6~7月。

产宁夏贺兰山、月亮山和六盘山，生于温性草甸草原。分布于四川和西藏等省（自治区）。

（4）美丽毛茛 *Ranunculus pulchellus* C. A. Mey.

多年生草本。茎直立或斜升，上部分枝。基生叶椭圆形，上缘 3~5 浅裂，基部圆楔形，两面无毛，具叶柄，基部有膜质宽鞘；茎生叶无柄，抱茎，单一，披针形或 3 深裂成戟形，无毛。花梗细长，上部被黄色短毛；萼片 5，椭圆形，边缘膜质，外面被黄色短毛；花瓣 5，倒卵形，基部有狭爪，具穴状蜜槽；花托长圆形。瘦果卵球形。花期 6~7 月，果期 7~8 月。

产宁夏六盘山及隆德县，生于海拔 2000m 左右的山坡草地、溪边湿地。分布于青海、甘肃、河北、内蒙古、吉林和黑龙江等省（自治区）。

（5）掌裂毛茛 *Ranunculus rigescens* Turcz. ex Ovcz.

多年生草本。茎直立。基生叶 2 型，具 7~9 个浅至中裂片，中央裂片较大，呈倒卵状椭圆形；有些叶较大，成不规则的掌状深裂，裂片倒披针形，疏被长柔毛；叶柄基部扩展成鞘状；茎生叶 3~5 全裂，裂片线形。花单生；萼片 5，椭圆形；花瓣倒卵形；雄蕊多数，花丝线形，无毛，花药长椭圆形。瘦果卵球形，稍扁，无毛。花果期 6~7 月。

产宁夏贺兰山，生于海拔 2500~3000m 的高山草地。分布于新疆、内蒙古及黑龙江等省（自治区）。

（刘冰　拍摄）

（6）石龙芮 *Ranunculus sceleratus* L.

一年生草本。茎多分枝，具多数节。叶片肾状圆形，基部心形，3 深裂不达基部，裂片倒卵状楔形。茎生下部叶与基生叶相似；上部叶 3 全裂，裂片披针形，基部扩大成膜质宽鞘抱茎。聚伞花序；萼片椭圆形，花瓣 5，倒卵形，基部有短爪，蜜槽呈棱状袋穴；雄蕊 10 多枚，花药卵形。聚合果长圆形，瘦果倒卵球形。花果期 5~8 月。

产固原清水河。全国各地均有分布。

（7）扬子毛茛 *Ranunculus sieboldii* Miq.

一年生草本。茎由基部分枝，匍匐或铺散。叶为三出复叶；叶片宽卵形，下面疏被柔毛，中央小叶具长或短柄，宽卵形，3 浅裂至深裂，裂片上部边缘疏生锯齿，侧生小叶具短柄，较小，2 不等裂。单花与叶对生，具长梗；萼片 5，反曲，狭卵形，外面疏被柔毛；花瓣 5，近椭圆形；心皮无毛。聚合果球形；瘦果扁。

产宁夏六盘山，生于林缘湿地、沟谷溪旁。分布于长江中下游各省及陕西、甘肃、四川、贵州、云南等省。

（8）高原毛茛 *Ranunculus tanguticus* (Maxim.) Ovcz.

多年生草本。茎多分枝。基生叶及茎下部叶具长柄；三出复叶，小叶片三角状倒卵形，2~3 回全裂，裂片线形，两面被柔毛；小叶具柄；上部叶裂片狭线形。花单生；萼片 5，椭圆形，边缘膜质；花瓣 5，黄色，椭圆形，基部具短爪，蜜腺点状；雄蕊 20~25 个，花药椭圆形。瘦果倒卵球形。花期 6 月，果期 7 月。

产宁夏南华山，多生于山坡及沟边湿地。分布于陕西、甘肃、青海、山西、河北、四川、云南、西藏等省（自治区）。

（9）毛柄水毛茛 *Ranunculus trichophyllus* Chaix

沉水草本，茎细长柔弱，具分枝。叶近半圆形，无毛，3~4 回 2~3 裂，末回裂片细丝状；叶柄短，基部成宽的膜状鞘，被伏毛。花单生，萼片 5，狭椭圆形，反折，边缘膜质；花瓣 5，白色，宽倒卵形，下部具短爪，蜜槽点穴状；雄蕊约 15 枚；心皮多数，具短花柱，被毛。瘦果狭卵形。花期 6~7 月，果期 7~8 月。

产宁夏银川、吴忠、永宁等市（县），生于湖泊、池沼。分布于东北、华北及陕西、甘肃、青海等省。

五十　清风藤科　Sabiaceae

泡花树属　*Meliosma* B l.

泡花树 *Meliosma cuneifolia* Franch.

落叶灌木或小乔木。单叶，纸质，倒卵形或椭圆形，先端短渐尖或锐尖，基部宽楔形，边缘除基部外几乎全部有粗尖锯齿，侧脉 10~20 对，伸达齿端；圆锥花序顶生或腋生；萼片4，卵圆形；花瓣外面 3 片近圆形；雄蕊 5；花盘膜质。核果球形。花期 6~7 月，果期 8~9 月。

产宁夏六盘山，生于海拔 2100m 左右的山坡林中。分布于甘肃、陕西、河南、湖北、四川、贵州、云南和西藏等省（自治区）。

五十一　莲科　Nelumbonaceae

莲属　*Nelumbo* Adans.

莲（荷花）*Nelumbo nucifera* Gaertn.

多年生直立水生草本。叶 2 型，浮水叶和伸出水面叶，叶片盾形，波状全缘；叶柄直立，粗壮，圆柱形，具黑色坚硬小刺。花粉红色；花瓣多数，椭圆形，先端尖；花托倒圆锥形，顶端平，有 15~30 个小孔，每孔内有 1 个椭圆形的子房。坚果椭圆形，黑褐色。种子椭圆形。花期 6~8 月，果期 8~10 月。

宁夏各市县均有栽培，长江流域及其以南各省均栽培。

五十二 芍药科 Paeoniaceae

芍药属 *Paeonia* L.

（1）川赤芍 *Paeonia anomala* subsp. *veitchii* (Lynch) D. Y. Hong & K. Y. Pan

多年生草本。茎直立。叶2回三出复叶，小叶片2回深裂，小裂片宽披针形，先端渐尖，表面深绿色，背面淡绿色。花常单生或2~3朵生茎顶及其下的叶腋；萼片5，绿色，卵形，先端长尾尖；花瓣7~9，紫红色，倒卵形；雄蕊多数，花丝细线形，花药长椭圆形；心皮2~5。花期5~6月。

产宁夏六盘山，多生于海拔2000~2500m的灌木林下或阴坡草地。分布于山西、甘肃、青海、四川等省。

（2）芍药 *Paeonia lactiflora* Pall.

多年生草本。茎直立，上部分枝，无毛。茎下部的叶 2 回三出复叶，小叶狭卵形，先端渐尖，基部楔形，边缘具白色骨质细密小齿，上面绿色，下面淡绿色，沿脉被短毛；叶柄无毛。花顶生和腋生；苞片 3~5，披针形；萼片 3~4，宽卵形；花瓣 9~13，倒卵形，先端圆或不整齐，白色或紫红色；雄蕊多数，花丝线形，花药椭圆形；心皮 3~5，无毛，柱头紫红色，弯曲。花期 6~7 月。

产宁夏六盘山，多生于林缘和灌木林中。分布于东北、华北及陕西、甘肃等地。

（3）草芍药 *Paeonia obovata* Maxim.

多年生草本。茎直立。叶 2 回三出复叶，小叶倒卵形，先端急尖，基部楔形，全缘。侧生小叶无柄或具短柄。花单生茎顶；萼片 3~5，卵形；花瓣 6，紫红色，倒卵形；雄蕊多数；心皮 2~4，无毛。蓇葖果卵形。花期 6 月，果期 7 月。

产宁夏六盘山，多生于林缘草地。分布于四川、贵州、湖南、江西、浙江、安徽、湖北、河南、陕西、山西、河北、辽宁、吉林、黑龙江等省。

（4）牡丹 *Paeonia suffruticosa* **Andr.**

落叶小灌木。叶 2 回三出复叶，小叶片倒卵形，3 深裂，顶端裂片再 3 浅裂，上面深绿色，下面淡绿色；顶生小叶片宽卵形，具长侧生小叶，具短柄，腹面具沟槽。花单生枝顶，大形；萼片 5，绿色，宽卵形，先端具长椭圆形的尾状尖；花瓣为重瓣，倒卵形，白色、红紫色或黄色，顶端形状不规则；雄蕊多数，花丝线形，花药黄色；花盘杯状，包被心皮；心皮 5，密被黄色柔毛。蓇葖果椭圆形。花期 5 月，果期 6 月。

宁夏各地多栽培。全国各地广为栽培。

五十三　茶藨子科　Grossulariaceae

茶藨子属　*Ribes* L.

（1）长刺茶藨子 *Ribes alpestre* **Wall. ex Decne.**

灌木。枝有刺，3 分叉，节间常疏生细小针刺或腺毛。叶片椭圆形，常 5 裂，裂片先端钝，基部宽楔形，边缘具不规则的深圆钝锯齿；花单生叶腋；苞片倒卵形，小苞片 2 个，宽卵形；萼片长圆形；花瓣长圆状披针形；雄蕊与花瓣等长；花柱 1，柱头 2 裂，较雄蕊长。浆果椭圆形，具腺毛。花期 5~6 月，果期 7~8 月。

产宁夏六盘山，生于向阳山坡、林缘或路边。分布于山西、甘肃、青海和四川等省。

（2）冰川茶藨子 *Ribes glaciale* Wall.

灌木。叶长卵形，3 裂，中裂片较长，先端渐尖，基部截形，边缘具不规则的锯齿。花单性，雌雄异株，花序总状；雄花序具腺毛；苞片椭圆状披针形；萼片 5，狭卵形；花瓣小；雄蕊 5 个。果实球形，无毛。花期 5 月，果期 6~7 月。

产宁夏六盘山，生海拔 2100m 左右的山地灌丛中。分布于陕西、甘肃、河南、湖北、四川、贵州、云南和西藏等省（自治区）。

（郑宝江　拍摄）

（3）瘤果糖茶藨子 *Ribes himalense* Royle ex Decne. var. *verruculosum* (Rihder) L.T.Lu.

灌木。叶肾形，5 裂，裂片先端短渐尖，基部深心形，边缘具不规则的重锯齿。总状花序；苞片长圆形，边缘具腺毛；萼片 5，倒卵状矩圆形，红色，顶端圆钝，具缘毛；花瓣小；雄蕊 5 个；花柱 1，柱头 2 裂，稍短于萼片而与雄蕊近等长。浆果球形。花期 5~6 月，果期 6~7 月。

产宁夏米缸山、南华山和贺兰山，生于山坡或山谷沟边。分布于内蒙古、河北、山西、陕西、甘肃、青海、河南、四川、云南和西藏等省（自治区）。

（4）美丽茶藨子 *Ribes pulchellum* Turcz.

灌木。叶近圆形，3深裂，裂片先端尖，边缘具锯齿。花单性，雌雄异株，总状花序生短枝上；萼片5，宽卵形，淡红色；花瓣5，鳞片状；雄蕊5；子房下位，花柱1，柱头2裂。浆果近圆形。花期6月，果期8月。

产宁夏罗山和贺兰山，生于灌丛和林缘。分布于青海、内蒙古、北京、陕西、甘肃、山西、河北等省（自治区、直辖市）。

（5）尖叶茶藨子 *Ribes maximowiczianum* Kom.

灌木。叶宽卵形，通常3裂，中裂片较长，先端渐尖，基部心形或截形，边缘具钝圆浅锯齿。花单性，雌雄异株；苞片长椭圆形；总状花序短；萼片5，长卵形；花瓣5，不显著；雄蕊5，极短；花柱1个，柱头2裂。浆果球形。花期6~7月，果期7~8月。

产宁夏六盘山，生于山坡灌丛或沟谷林缘。分布于黑龙江、吉林和辽宁等省。

（6）宝兴茶藨子 *Ribes moupinense* Franch.

灌木。叶三角形，常 3 裂，中裂片稍长，侧裂片水平伸展，先端渐尖，基部深心形，有时近截形，边缘具重锯齿。总状花序，下垂；花两性；苞片卵形；萼片直立，长圆形；花瓣小，呈三角状扇形；雄蕊长为萼片之半；花柱比雄蕊短。果实深褐色，球形。花期 5 月，果期 6~7 月。

产宁夏六盘山，生于山坡林缘。分布于湖北、陕西、甘肃、四川、云南等省。

（7）香茶藨子 *Ribes odoratum* Wendl.

落叶灌木；叶圆状肾形至倒卵圆形，基部楔形，稀近圆形或截形，掌状 3~5 深裂，裂片形状不规则，先端稍钝，顶生裂片稍长或与侧生裂片近等长，边缘具粗钝锯齿。花两性，芳香；总状花序常下垂，具花 5~10 朵；苞片卵状披针形或椭圆状披针形，先端急尖；花萼黄色，或仅萼筒黄色而微带浅绿色晕；萼筒管形；萼片长圆形或匙形，先端圆钝，开展或反折；花瓣近匙形或近宽倒卵形，先端圆钝而浅缺刻状，浅红色；雄蕊短于或与花瓣近等长；花柱不分裂或仅柱头 2 裂。果实球形或宽椭圆形。花期 5 月，果期 7~8 月。

银川植物园及公园均有栽植。

（8）长果茶藨子 *Ribes stenocarpum* **Maxim.**

灌木。枝有刺，3 分叉。叶片近圆形，5 裂，裂片先端圆钝，基部浅心形，边缘具圆钝锯齿。花 1~2 朵生叶腋；苞片卵形；小苞片 2 片，卵形；萼片倒卵状披针形，淡紫红色；花瓣长为萼片之半；雄蕊与花柱等长；花柱 1，柱头 2 裂。浆果长椭圆形，无毛。花期 6 月，果期 7~8 月。

产宁夏六盘山、罗山及南华山，生于海拔 1900~2200m 的阴坡灌丛及山谷溪旁。分布于陕西、甘肃、青海、四川等省。

（9）细枝茶藨子 *Ribes tenue* **Jancz.**

灌木。叶宽卵形，3~5 深裂，中裂片长，基部心形，边缘有不规则的深重锯齿。花单性，雌雄异株；雄花序生侧枝顶端；雌花序，花序轴被腺毛；苞片椭圆状披针形；萼片狭卵形；花瓣小，鳞片状；雄蕊 5 个，花丝极短；花柱 1，柱头 2 裂。浆果球形。花期 5 月，果期 6~7 月。

产宁夏六盘山，生于海拔 1100~2100m 的林缘或灌木林中。分布于陕西、甘肃、河南、湖北、湖南、四川和云南等省。

（刘冰 拍摄）

五十四 虎耳草科 Saxifragaceae

1. 虎耳草属 Saxifraga L.

（1）零余虎耳草 Saxifraga cernua L.

多年生草本。茎直立，上部叶腋具珠芽。基生叶和茎下部叶有长柄，叶片肾形，掌状5~7浅裂，基部心形，裂片宽卵形，后渐脱落，上部茎生叶较小，无柄，卵形。花单生茎顶，萼片5，狭卵形，直立；花瓣5，白色，狭倒卵形，顶端微凹；雄蕊10个，较萼片稍长；子房上位，心皮2，中下部合生，花柱2。花果期7~8月。

产宁夏贺兰山，生于海拔3000m左右石崖阴湿处。分布于吉林、内蒙古、河北、山西、陕西、青海、新疆、四川、云南和西藏等省（自治区）。

（2）爪瓣虎耳草 Saxifraga unguiculata Engl.

多年生草本，丛生。莲座叶匙形至近狭倒卵形；茎生叶长圆形、披针形至剑形，先端具短尖头，通常两面无毛。花单生于茎顶，或聚伞花序具2~8花，细弱；萼片肉质，卵形；花瓣黄色，中下部具橙色斑点，狭卵形、近椭圆形、长圆形至披针形；子房近上位，阔卵球形。花期7~8月。

产宁夏贺兰山，生于海拔2800~3500m高寒灌丛、草甸阴湿处。分布于甘肃、青海、四川、云南和西藏等省（自治区）。

2. 落新妇属　*Astilbe* Buch. -Ham.

落新妇 *Astilbe chinensis* (Maxim) Franch. et Savat.

多年生草本。基生叶具长柄，叶为2回羽状三出复叶，小叶椭圆形，托叶卵状长椭圆形，先端尖，膜质，褐色；茎生叶1~3个。圆锥花序狭长，直立；小苞片长卵形；萼片5，椭圆形；花瓣5，线形，紫红色；雄蕊10个；子房上位，心皮2，离生。蓇葖果2，卵状椭圆形。花期7月，果期9月。

产宁夏六盘山，生于阴湿山谷溪旁。分布于黑龙江、吉林、辽宁、河北、山西、陕西、甘肃、青海、山东、浙江、江西、河南、湖北、湖南、四川、云南等省。

3. 黄水枝属　*Tiarella* L.

黄水枝 *Tiarella polyphylla* D. Don

多年生草本。茎直立。单叶，叶片心形，5浅裂，基部心形，边缘具不整齐的锯齿，锯齿有小突尖。总状花序，花小型，白色；萼片5，狭卵形；花瓣5，披针形，较萼片稍长；雄蕊10个，伸出花冠之外；心皮2，花柱2。蒴果。花期6月，果期7月。

产宁夏六盘山，多生于林下或林缘阴湿处。分布于陕西、湖北、湖南、四川、云南、西藏、台湾等省（自治区）。

（徐晔春 拍摄）

4. 鬼灯檠属 *Rodgersia* A. Gray

七叶鬼灯檠 *Rodgersia aesculifolia* Batal.

多年生直立草本。茎单一。掌状复叶，小叶片 5~7 个，狭倒卵形，先端常急缩成尾状尖，边缘具不规则的重锯齿。蝎尾状聚伞花序再集成大型圆锥花序，顶生，花密集；萼片 5，三角状卵形，具三条脉；雄蕊 10 个；心皮 2，花柱 2 个，分离。蒴果卵形。花期 7 月。

产宁夏六盘山，生于林下或溪流边。分布于河南、陕西、甘肃、湖北、四川、云南、西藏等省（自治区）。

5. 金腰子属 *Chrysosplenium* L.

（1）秦岭金腰 *Chrysosplenium biondianum* Engl.

草本。茎直立。基生叶倒卵形，边缘具圆钝浅锯齿，齿尖具 1 小缺刻，早枯死；不育枝上的叶对生；可育枝上的叶近互生，叶片扇形，边缘前端 1/2~2/3 具锯齿。花雌雄异株，成稀疏的聚伞花序；苞片叶状；萼片菱状圆形；雄花有雄蕊 8 个，长不及花萼之半；花盘稍 8 裂，中部凹陷；雌花子房半下位，花柱短。蒴果。花果期 6~7 月。

产宁夏六盘山，生于林下阴湿处。分布于陕西和甘肃等省。

（2）柔毛金腰 *Chrysosplenium pilosum* Maxim. var. *valdepilosum* Ohwi.

草本。茎密被锈色柔毛。茎生叶对生，叶片扇形，先端钝圆，基部截形，边缘圆波状；不育枝顶端叶莲座状，较大，叶片卵圆形，基部圆形。聚伞花序顶生，紧密；苞叶长圆形；花淡黄色；萼片卵形；雄蕊 8 个，长为萼片之半；子房上位，2 深裂。蒴果。花期 4 月，果期 7 月。

产宁夏六盘山，生林下阴湿处。分布于黑龙江、吉林、辽宁、河北、山西、陕西、甘肃、青海、安徽、江西、河南、湖北、四川等省。

（3）中华金腰 *Chrysosplenium sinicum* Maxim.

草本。茎直立或斜升。基生叶早落，茎生叶对生，通常 1~3 对，近圆形，先端圆，基部下延，边缘具不规则的圆钝锯齿；不育枝顶端的叶较大，卵圆形。聚伞花序密集，苞片叶状，边缘具圆钝锯齿；花钟状，几无梗；萼片长圆形；雄蕊 8 个；花柱 2 个。蒴果。花期 5~6 月，果期 6~7 月。

产宁夏六盘山，生于沟底林下阴湿处。分布于黑龙江、吉林、辽宁、河北、山西、陕西、甘肃、青海、安徽、江西、河南、湖北、四川等省。

五十五 景天科 Crassulaceae

1. 瓦松属 *Orostachys* Fisch.

瓦松 *Orostachys fimbriata* (Turczaninow) A. Berger

二年生草本，茎直立，单生。基生叶莲座状，匙状线形，先端具白色软骨质的繸状刺；茎生叶散生，无柄，线形，先端具突尖头。总状花序紧密，萼片 5，卵状长圆形，花瓣 5，披针形，先端具突尖头，淡红色，雄蕊 10 个，花药心形，带黑色。种子卵形。花期 7~8 月，果期 9 月。

产宁夏贺兰山、罗山、六盘山及固原市原州区，多生于墙头、屋顶及山坡岩石上。分布于湖北、安徽、江苏、浙江、青海、甘肃、陕西、河南、山东、山西、河北、内蒙古、辽宁和黑龙江等省（自治区）。

2. 八宝属 *Hylotelephium* H. Ohba.

（1）狭穗八宝 *Hylotelephium angustum* (Maxim.) H. Ohba.

多年生草本。茎直立，单生。叶 3~4 枚轮生，矩圆状长椭圆形，先端渐尖，边缘疏具钝锯齿。花序顶生和腋生，花多紧密，由小伞房花序组成呈中断的穗状花序状；花梗与花等长；萼片 5，披针形；花瓣 5，淡红色，矩圆形，先端渐尖，基部渐狭；雄蕊 10，与花瓣等长或稍长；心皮 5，直立，基部分离。蓇葖果。花期 8 月。

产宁夏六盘山，生于海拔 2900m 山坡灌丛中。分布于云南、四川、湖北、青海、甘肃、陕西和山西等省。

（2）轮叶八宝 *Hylotelephium verticillatum* (L.) H. Ohba.

多年生草本。茎直立。叶 3 枚轮生，卵形，先端钝，基部近圆形，边缘具浅牙齿，几无柄。伞房花序顶生；花为 5 基数；萼片三角状卵形；花瓣淡绿白色，长圆状披针形；雄蕊 10 个，2 轮，外轮的较花瓣长。种子狭长圆形，淡褐色。花期 5~6 月，果期 9 月。

产宁夏六盘山，多生于阴湿山谷、沟旁。分布于四川、湖北、安徽、江苏、浙江、甘肃、陕西、河南、山东、山西、河北、辽宁和吉林等省。

3. 红景天属　*Rhodiola* L.

小丛红景天 *Rhodiola dumulosa* (Franch.) S. H. Fu

多年生草木。多分枝。叶互生，线形，头状伞房花序顶生，萼片 5，线状披针形，花瓣 5，披针形，白色或淡红色；雄蕊 10 个，较花瓣短，2 轮排列；鳞片 5，半长圆形，心皮 5，卵状矩圆形。蓇葖果。花期 7~8 月，果期 9~10 月。

产宁夏六盘山和贺兰山，多生于 2300~3400m 的山脊岩石裂隙中。分布于四川、青海、甘肃、陕西、湖北、山西、河北、内蒙古和吉林等省（自治区）。

4. 费菜属 *Phedimus* Raf.

（1）费菜 *Phedimus aizoon* (L.) 't Hart

多年生草本。茎直立。叶互生，椭圆状披针形，边缘有不整齐的锯齿；无柄。聚伞花序顶生，萼片5，线形，花瓣5，黄色，长圆形，具短尖；雄蕊10个，2轮；心皮5。蓇葖果呈星芒状排列，具直喙。花期6~7月，果期8~10月。

产宁夏贺兰山、罗山、六盘山，生于山谷湿阴处的草丛、石崖和墙头。分布于四川、湖北、江西、安徽、浙江、江苏、青海、甘肃、内蒙古、河南、山西、陕西、河北、山东、辽宁、吉林和黑龙江等省（自治区）。

（2）乳毛费菜 *Phedimus aizoon* L. var. *scabrum* (Maxim.) H. Ohba et al.

本变种与正种的区别在于叶与花序上具乳头状突起。产宁夏贺兰山、南华山及中卫、同心、盐池等市（县）。

（3）堪察加景天 *Phedimus kamtschaticus* (Fischer & C. A. Meyer)'t Hart.

多年生草本。多分枝。叶互生，倒披针形，先端圆钝，基部狭楔形，上部边缘疏具钝锯齿，几无柄。聚伞花序顶生，疏松；萼片5，披针形；花瓣5，黄色，披针形；雄蕊10，较花瓣稍短；心皮5。蓇葖果。果期8~9月。

产宁夏罗山，生于海拔2600m左右的沟谷及山谷草坡上。分布于吉林、内蒙古、山西、河北等省（自治区）。

5. 景天属 *Sedum* L.

（1）阔叶景天 *Sedum roborowskii* Maxim.

二年生草本。花茎近直立，由基部分枝。叶长圆形。花序伞房状（近蝎尾状聚伞花序），疏生多数花；苞片叶形。花为不等的五基数；萼片长圆形或长圆状倒卵形；花瓣淡黄色，卵状披针形；雄蕊10，2轮；心皮长圆形。种子卵状长圆形。花期8~9月，果期9月。

产宁夏贺兰山，生于海拔2300~3400m的山脊石缝中。分布于内蒙古、甘肃和青海等省（自治区）。

（2）繁缕景天 *Sedum stellariifolium* Franch.

一年生或二年生草本。植株被腺毛。茎直立。叶互生，正三角形或三角状宽卵形，全缘。总状聚伞花序；花顶生，萼片 5，披针形至长圆形；花瓣 5，黄色，披针状长圆形；雄蕊 10，较花瓣短；心皮 5。蓇葖下；种子长圆状卵形，褐色。花期 7~8 月，果期 8~9 月。

产宁夏六盘山胭脂峡，生于山坡或山谷土上或石缝中。分布于云南、贵州、四川、湖北、湖南、甘肃、陕西、河南、山东、山西、河北、辽宁和台湾等省。

五十六 小二仙草科 Haloragidaceae

狐尾藻属 *Myriophyllum* L.

（1）穗状狐尾藻 *Myriophyllum spicatum* L.

多年生水生草本。茎圆柱形，柔软，具分枝。叶 4~5 片轮生，羽状全裂，裂片细丝状，

6~8 对，互生。穗状花序顶生；花单性，雌雄同株或杂性，雄花在花序上部，雌花在花序下部，中部有时为两性花；基部具 1 对小苞片和 1 个大苞片，全缘或羽状齿裂；雄花花萼钟形，裂片 4，甚小，花瓣 4，匙形，早落，雄蕊 8，花丝丝状；雌花花萼管状，萼边缘近全缘，花瓣小，早落，子房下位，柱头 4 裂，羽毛状。果实近球形。花期 7 月，果期 8 月。

产宁夏引黄灌区，生于池沼及排水沟中。全国各地均有分布。

（2）狐尾藻 *Myriophyllum verticillatum* **L.**

多年生水生草本。茎细长，柔软，具分枝。叶 4~5 片轮生，丝状全裂，裂片近对生，7~9 对。花单性，雌雄同株或杂性，单生于水上叶的叶腋内，上部为雄花，下部为雌花，有时中部为两性花；雌花花萼与子房合生，顶端 4 裂，裂片卵状三角形；雄花萼片 4，三角形，花瓣 4，椭圆形，雄蕊 8，花丝丝状；子房下位，卵形，柱头 4 裂，羽毛状。果实卵状球形，具 4 浅沟。花期 8 月，果期 9 月。

产宁夏引黄灌区，生于池沼及排水沟中。全国各地均有分布。

五十七 锁阳科 Cynomoriaceae

锁阳属 *Cynomorium* L.

锁阳 *Cynomorium songaricum* Rupr.

多年生肉质寄生草本。茎直立，肉质，圆柱形，暗紫褐色，不分枝。叶鳞片状，螺旋状排列，卵状宽三角形。肉穗花序生茎顶，伸出地面，圆柱状或棒状；花小，多数，密集，雄花、雌花和两性花混生；雄花花被片通常 4，离生或合生，倒披针形或匙形，下部白色，上部紫红色，雄蕊 1，着生于花被片基部，花丝红色，花药深紫红色；雌花花被片 5~6 个，线状披针形；两性花花被片 5~6 个，披针形，雄蕊 1。小坚果近球形，深红色。花期 5~7 月，果期 6~8 月。

产宁夏中卫、海原、银川、平罗、盐池、灵武、同心、大武口等市（县），生于半固定沙丘中。分布于西北及内蒙古自治区。

五十八 葡萄科 Vitaceae

1. 蛇葡萄属 *Ampelopsis* Michx.

（1）乌头叶蛇葡萄 *Ampelopsis aconitifolia* Bge.

木质藤本。小枝微具纵条棱。掌状复叶，具 3~5 小叶，小叶片菱形或宽卵形，羽状深裂几达中脉，裂片全缘或具不规则的粗长齿。二歧聚伞花序与叶对生；花萼盘状，边缘全缘或具 5 个不明显的圆钝裂片；花瓣 5，狭卵形；雄蕊 5，与花瓣对生且较花瓣短；花盘浅杯状，边缘截形；花柱单一。浆果近球形，橙黄色。花期 6 月，果期 7 月。

产宁夏贺兰山及平罗、石嘴山等市（县），生于沟边或山坡灌丛或草地。分布于内蒙古、河北、甘肃、陕西、山西和河南等省（自治区）。

（2）掌裂蛇葡萄 *Ampelopsis delavayana* Planch. var. *glabra* (Diels & Gilg) C. L. Li

木质藤本，植株光滑无毛。卷须 2~3 叉分枝，相隔 2 节间断与叶对生。叶为 3~5 小叶，中央小叶披针形或椭圆披针形，侧生小叶卵椭圆形或卵披针形，基部不对称，边缘有粗锯齿，齿端通常尖细，侧脉 5~7 对；中央小叶有柄或无柄，侧生小叶无柄。多歧聚伞花序与叶对生；花蕾卵形，顶端圆形；萼碟形，边缘呈波状浅裂，无毛；花瓣 5，卵椭圆形，外面无毛，雄蕊 5，花药卵圆形，花盘明显，5 浅裂；子房下部与花盘合生，花柱明显，柱头不明显扩大。果实近球形；种子倒卵圆形。花期 6~8 月，果期 9~11 月。

产宁夏六盘山，生于山谷林中或山坡灌丛。分布于福建、广东、广西、海南、四川、贵州和云南等省（自治区）。

2. 地锦属　*Parthenocissus* Planch.

五叶地锦 *Parthenocissus quinquefolia* (L.) Planch.

木质藤本。叶为掌状 5 小叶，小叶倒卵圆形、倒卵椭圆形或外侧小叶椭圆形。花序假顶生形成主轴明显的圆锥状多歧聚伞花序；萼碟形；花瓣 5，长椭圆形；雄蕊 5；子房卵锥形。果实球形。花期 6~7 月，果期 8~10 月。

宁夏各地栽培。原产北美。

3. 葡萄属　*Vitis* L.

（1）桑叶葡萄 *Vitis heyneana* Roem. et Schult subsp. *ficifolia* (Bge) C. L. Li

木质藤本。卷须分枝。叶卵形或宽卵形，通常 3 浅裂，有时深裂或不裂，边缘具小牙齿。圆锥花序，分枝近水平开展；花小，花萼不明显；花瓣 5，顶部合生，早落；雄蕊 5，与花瓣等长。浆果球形，成熟时黑褐色。花期 6~7 月，果期 8~9 月。

产宁夏六盘山，生于海拔 1700~1900m 的山谷林缘或林下。分布于山西、陕西、甘肃、山东、河南、安徽、江西、浙江、福建、广东、广西、湖北、湖南、四川、贵州、云南和西藏等省（自治区）。

（2）变叶葡萄 *Vitis piasezkii* Maxim.

木质藤本。幼茎具纵棱，无毛。叶为 3 出复叶，有时植株上部的叶为单叶，3 浅裂至深裂；中间小叶菱形或菱状卵形，先端渐尖，基部楔形，具柄，2 侧生小叶片三角状狭长卵形，基部偏斜，宽楔形，无小叶柄，边缘具不规则的粗锯齿。圆锥花序与叶对生，花萼盘形，边缘近截形；花瓣倒卵形，内曲；雄蕊稍短于花瓣，花药与花丝近等长。浆果球形，黑褐色。花期 6 月，果期 7~8 月。

产宁夏六盘山，生于海拔 1600~1700m 的山谷杂木林缘或林下。分布于山西、陕西、甘肃、河南、浙江和四川等省。

五十九　蒺藜科　Zygophyllaceae

1. 蒺藜属　*Tribulus* L.

蒺藜 *Tribulus terrestris* L.

一年生草本。茎由基部分枝，平铺地面。偶数羽状复叶，互生，具 4~7 对小叶；小叶对生，矩圆形，先端锐尖或钝，基部近圆形，稍偏斜，全缘。花单生叶腋；萼片 5，卵状披针形，宿存；花瓣 5，倒卵形，较萼片稍长，黄色；雄蕊 10 个；子房卵形，花柱短，柱头 5裂。离果扁球形。花期 5~8 月，果期 6~9 月。

宁夏全区普遍分布，多生于沙地，渠沟边、路旁、田梗或田间，为沙质旱田常见杂草。全国各地均有分布。

2. 驼蹄瓣属 *Zygophyllum* L.

（1）蝎虎驼蹄瓣 *Zygophyllum mucronatum* Maxim.

多年生草本。茎具棱，多由基部分枝，铺散。复叶具 2~3 对小叶，小叶片线状矩圆形，先端具刺尖。花 1~2 朵腋生；萼片 5，矩圆形或狭倒卵形，绿色，边缘膜质；花瓣 5，倒卵形，上部白色，下部黄色，基部渐狭成爪；雄蕊长于花瓣，花药黄色。蒴果圆柱形。花期 5 月，果期 6~8 月。

产宁夏银川、吴忠及石嘴山、平罗、同心、中宁、中卫等市（县），生于干旱沙地及石质坡地。分布于西北和内蒙古自治区。

（2）霸王 *Zygophyllum xanthoxylon* (Bge.) Maxim.

灌木。复叶具 2 片小叶，小叶肉质，线形或匙形，先端圆，基部渐狭。花单生叶腋，黄白色，萼片 4，倒卵形，绿色，边缘膜质；花瓣 4，倒卵形或近圆形，先端圆，基部渐狭成爪；雄蕊 8，较花瓣长；子房 3 室。蒴果通常具 3 宽翅，宽椭圆形或近圆形。花期 4~5 月，果期 5~9 月。

产宁夏贺兰山、中卫及石嘴山等市（县），生于干旱石质山坡或半固定沙丘上。分布于内蒙古、甘肃、新疆和青海等省（自治区）。

3. 四合木属　*Tetraena* Maxim.

四合木 *Tetraena mongolica* Maxim.

小灌木。叶在老枝上近簇生，在嫩枝上为 2 小叶，肉质，倒披针形，顶端圆形，具小突尖，基部楔形，全缘。花单生叶腋，花梗，密被叉状毛；萼片 4，卵形；花瓣 4，白色，椭圆形或倒卵形；雄蕊 8，外轮 4 枚与花瓣近等长，内轮 4 枚长于花瓣；子房上位，4 室，被毛，花柱单一。蒴果 4 瓣裂。花期 5~6 月，果期 7~8 月。

产宁夏石嘴山落石滩，生于草原化荒漠或干旱山坡上。分布于内蒙古自治区。

六十　豆科　Leguminosae

1. 紫荆属　*Cercis* L.

紫荆 *Cercis chinensis* Bunge

灌木。叶纸质，近圆形或三角状圆形。花紫红色或粉红色，2~10 余朵成束，簇生于老枝和主干上；花龙骨瓣基部具深紫色斑纹。荚果扁狭长形。花期 3~4 月；果期 8~10 月。

宁夏银川公园有栽培。分布于东南部和南方各省区。

2. 皂荚属 *Gleditsia* J. Clayton

山皂荚 *Gleditsia japonica* Miq.

落叶乔木；刺略扁，常分枝。叶为一回或二回羽状复叶，羽片 2~6 对；小叶 3~10 对，卵状长圆形、卵状披针形或长圆形，先端圆钝，有时微凹，基部宽楔形或圆，全缘或具波状疏圆齿。花黄绿色，组成穗状花序，腋生或顶生。雄花花萼裂片 3~4，两面均被柔毛，花瓣 4，被柔毛，雄蕊 6~8（9）；雌花萼片和花瓣均为 4~5，两面密被柔毛，不育雄蕊 4~8，子房无毛。荚果带形，扁平，不规则旋扭或弯曲作镰刀状，有多粒种子。花期 4~6 月，果期 6~11 月。

宁夏有栽培，作庭院观赏树种。分布于安徽、贵州、河北、河南、湖南、江苏、江西、辽宁、山东、云南和浙江等省。

3. 合欢属 *Albizzia* Durazz.

合欢 *Albizia julibrissin* Durazz.

乔木。树皮淡黄褐色。2 回偶数羽状复叶，羽片 4~12 对；小叶 10~30 对，长圆形至线形。头状花序多数，集生成伞房状，顶生或腋生，总花梗被白色短毛；花萼钟形，萼齿 5；花冠淡红色，花冠裂片 5，三角形；雄蕊多数。荚果线形。花期 7~8 月，果期 9~10 月。

宁夏有栽培，作庭院观赏树种。分布于华东、华南、西南及辽宁、河北、河南、陕西、甘肃等省。

4. 野决明属 *Thermopsis* R. Br.

披针叶黄华 *Thermopsis lanceolata* R. Br.

多年生草本。茎直立。掌状三出复叶；托叶大形，椭圆形或卵状披针形；小叶倒披针形或长椭圆形。总状花序顶生，花轮生，每轮 2~3 朵花；花萼钟形，萼齿 5；花冠黄色；雄蕊 10，分离。荚果长椭圆形。花期 5~7 月，果期 7~9 月。

宁夏全区普遍分布，多生于山坡、草地、沟渠旁、荒地、田边。分布于内蒙古、河北、山西、陕西、甘肃等省（自治区）。

5. 沙冬青属 *Ammopiptanthus* Cheng f.

沙冬青 *Ammopiptanthus mongolicus* (Maxim.) Cheng f.

常绿灌木。枝黄绿色。叶为掌状三出复叶；托叶小，锥形，贴生于叶柄而抱茎；小叶长椭圆形、倒卵状椭圆形、菱状椭圆形或椭圆状披针形。总状花序顶生；萼钟形，萼齿 4，极短，上方 1 齿较大；花冠黄色。荚果长椭圆形，扁平，先端具喙。花期 4~5 月，果期 5~6 月。

产宁夏贺兰山、须弥山及中卫、中宁、红寺堡、同心、灵武、石嘴山等市（县），生于干旱山坡、固定沙丘及砂石地。分布于内蒙古、甘肃等省（自治区）。

6. 苦参属 *Sophora* L.

（1）苦豆子 *Sophora alopecuroides* L.

半灌木。茎直立。奇数羽状复叶；小叶 11~25，卵状椭圆形、椭圆形或矩圆状长椭圆形。总状花序顶生；花萼斜钟形；花冠黄白色。荚果串珠状。花期 5~7 月，果期 6~8 月。

宁夏全区普遍分布，多生于半固定沙丘、沟渠旁、沙质地及农田附近。分布于内蒙古、山西、陕西、甘肃、青海、新疆、河南和西藏等省（自治区）。

（2）白刺花 *Sophora davidii* (Franch.) Skeels

灌木。枝直伸，暗红褐色。奇数羽状复叶，小叶 11~21，椭圆形至倒卵状椭圆形；托叶小，呈刺状。总状花序生短枝顶端；花萼筒形，萼齿短，三角形；花冠蓝白色。荚果串珠状，先端具长喙。花期 6~7 月，果期 8~9 月。

产宁夏六盘山及固原市，多生于向阳山坡路边的灌木丛中。分布于河北、山西、陕西、甘肃、河南、江苏、浙江、湖南、湖北、四川、贵州、云南、广西、西藏等省（自治区）。

（3）**槐树 *Sophora japonica* L.**

落叶乔木。奇数羽状复叶，小叶卵状长圆形或卵状披针形。圆锥花序顶生；花萼钟形，萼齿短三角形；花冠乳白色。荚果串珠状肉质，不开裂。花期6~8月，果期7~9月。

宁夏全区普遍栽培。可为行道树及庭院美化树种。原产中国，现南北各省区广泛栽培。

（4）**龙爪槐树 *Sophora japonica* L. f. *pendula* Hort.**

与正种的主要区别为枝条下垂，树冠呈伞形。宁夏有栽培，为庭院美化树种。

7. 紫穗槐属 *Amorpha* L.

紫穗槐 *Amorpha fruticosa* Linn.

灌木。奇数羽状复叶，小叶 13~25，椭圆形、卵状椭圆形至线状椭圆形。总状花序顶生，花萼钟形，萼齿不等长，三角形；花冠紫红色；雄蕊 10。荚果长圆形，弯曲，棕褐色，表面具瘤状腺点。花期 5~7 月，果期 7~9 月。

宁夏各地多栽培于沟渠边，路旁及田埂边。原产美国东北部和东南部。

8. 落花生属 *Arachis* L.

落花生 *Arachis hypogaea* Linn.

一年生草本。茎直立或匍匐。叶通常具小叶 2 对；小叶纸质，卵状长圆形至倒卵形，全缘；苞片 2，披针形；小苞片披针形；萼管细；花冠黄色或金黄色。荚果膨胀，荚厚。花果期 6~8 月。

宁夏各地有栽培。全国各地均有栽培。

（江建强 拍摄）

9. 木蓝属 *Indigofera* L.

（1）河北木蓝 *Indigofera bungeana* Walp.

灌木。奇数羽状复叶，叶轴上面具槽，被白色丁字毛，小叶 5~9，椭圆形或卵状椭圆形，先端圆或微凹，具小尖头，基部圆形至宽楔形，上面绿色，下面灰绿色，两面被平贴的白色丁字毛；托叶小，针形，被毛。总状花序叶腋生，较叶长，被白色丁字毛，花 10~25朵，花梗被白色丁字毛；花萼斜钟形，被白色毛，萼齿 5，下面 1 个萼齿最长；花冠淡红色，旗瓣卵状椭圆形，先端圆，基部渐狭，背面密被白色毛，翼瓣较旗瓣短，先端钝，基部具小距及短爪，龙骨瓣与旗瓣近等长，无耳，具短爪；子房线形，子房柄极短，无毛或被稀疏的短毛。荚果线状圆柱形。花期 6~7 月，果期 7~9 月。

产宁夏六盘山及须弥山，生于山坡、路边及灌丛中。分布于辽宁、内蒙古、河北、山西和陕西等省（自治区）。

（2）四川木蓝 *Indigofera szechuensis* Craib.

灌木。幼枝具棱，密被白色混生棕褐色平贴丁字毛，后渐脱落。羽状复叶，具小叶 5~9片；小叶片长圆形或倒卵状长圆形，先端圆钝或急尖，基部楔形至宽楔形，两面被白色丁字毛，背面混生有棕褐色毛。总花梗被丁字毛；花萼杯状，外面被丁字毛，萼齿三角形；花冠紫色或紫红色，旗瓣宽卵状椭圆形，外面被丁字毛，翼瓣稍短于旗瓣，边缘有毛，龙骨瓣与翼瓣等长，边缘及先端有毛。无毛或近无毛。花期 6~7 月，果期 7~9 月。

产宁夏六盘山，生于山坡及灌丛。分布于甘肃、四川、西藏和云南省（自治区）。

10. 杭子梢属　*Campylotropis* Bge.

杭子梢 *Campylotropis macrocarpa* Bge.

灌木。羽状三出复叶；托叶披针形，顶生小叶片较侧生小叶片大，椭圆形或倒卵状椭圆形。总状花序叶腋生，顶生花序具分枝成圆锥状；花萼钟形，萼齿短，上面的 2 萼齿合生；花冠蓝紫色。荚果倒卵状。花期 6~8 月，果期 7~9 月。

产宁夏六盘山，多生于山坡、灌丛、林缘、山谷沟边及林中。分布于产河北、山西、陕西、甘肃、山东、江苏、安徽、浙江、江西、福建、河南、湖北、湖南、广西、四川、贵州、云南、西藏等省（自治区）。

11. 鸡眼草属　*Kummerowia* Schindl.

长萼鸡眼草 *Kummerowia stipulacea* (Maxim.) Makino

一年生草本。茎直立，分枝多。掌状三出复叶；托叶大，卵形，先端渐尖；小叶倒卵形至狭倒卵形。花 1~2 朵叶腋生；萼钟形，萼齿 5，卵形；花冠淡红紫色。荚果椭圆形或卵形。花期 7~8 月，果期 8~9 月。

全区普遍分布，多生于干旱山坡、砂质地及路边。分布于东北、华北、华东、中南及陕西、甘肃等地。

（江建强　拍摄）

12. 胡枝子属　*Lespedeza* Michx.

（1）胡枝子 *Lespedeza bicolor* Turcz.

直立灌木。羽状三出复叶，顶生小叶较侧生小叶大，椭圆形、倒卵状椭圆形至宽倒卵形；托叶线状披针形。总状花序叶腋生，总花梗较叶长；花萼钟形，萼 4 裂，其中 1 个上部再 2 裂，卵状披针形，短于萼筒；花冠紫红色。荚果斜卵形。花期 7~8 月，果期 9~10 月。

产宁夏六盘山和罗山，多生于灌丛中，分布于东北、华北及山东、河南、陕西、甘肃等地。

（2）兴安胡枝子 *Lespedeza davurica* (Laxim.) Schindl.

半灌木。茎单一或数条丛生。羽状三出复叶，顶生小叶较侧生小叶大，矩圆状长椭圆形，先端圆，具小尖头；托叶刺芒状；总状花序叶腋生，较叶短或与叶等长；花萼钟形，萼齿 5，披针形，长为萼筒的 2.5 倍；花冠黄白色。荚果倒卵状矩圆形，具网纹。花期 6~8 月。果期 9~10 月。

宁夏全区普遍分布，多生于沙质地及干旱山坡上。分布于东北、华北经秦岭淮河以北至西南各地。

（3）多花胡枝子 *Lespedeza floribunda* Bge.

小灌木。羽状三出复叶，顶生小叶较大，倒卵状披针形或狭倒卵形；托叶刺芒状。总状花序腋生，总花梗较叶长；小苞片长卵形；萼钟形，萼齿 5，披针形，长为萼筒的 2 倍，花冠紫红色。荚果卵形，具网纹。花期 8~9 月，果期 9~10 月。

产宁夏须弥山、贺兰山、海原等县，多生于石质山坡。分布于辽宁、河北、山西、陕西、甘肃、青海、山东、江苏、安徽、江西、福建、河南、湖北、广东、四川等省。

（4）尖叶铁扫帚 *Lespedeza juncea* (L. f.) Pers.

半灌木。茎具棱。羽状三出复叶；托叶线形；顶生小叶较侧生小叶大，狭矩圆形或矩圆状倒披针形，叶先端具小尖头，基部楔形。总状花序叶腋生，与叶等长或稍长；花萼钟形，萼齿5，卵状披针形，长为萼筒的2倍；花冠白色。荚果倒卵形。花期7~8月，果期8~9月。

产宁夏固原市和罗山，多生于干旱山坡。分布于黑龙江、吉林、辽宁、内蒙古、河北、山西、甘肃、山东等省（自治区）。

（5）牛枝子 *Lespedeza potaninii* Vass.

半灌木。茎斜升或平卧，基部多分枝，有细棱，被粗硬毛。托叶刺毛状；羽状复叶具3小叶，小叶狭长圆形，稀椭圆形至宽椭圆形，先端钝圆或微凹，具小刺尖，基部稍偏斜。总状花序腋生；总花梗长，明显超出叶；花疏生；花萼密被长柔毛，5深裂，裂片披针形，先端长渐尖，呈刺芒状；花冠黄白色，稍超出萼裂片，旗瓣中央及龙骨瓣先端带紫色。荚果倒卵形。花期7~9月，果期9~10月。

产宁夏贺兰山和盐池县，生于荒漠草原、草原带的沙质地、砾石地、丘陵地、石质山坡及山麓。分布于辽宁、内蒙古、河北、山西、陕西、甘肃、青海、山东、江苏、河南、四川、云南、西藏等省（自治区）。

（6）**细梗胡枝子** *Lespedeza virgata* (Thunb.) DC.

小灌木。羽状三出复叶，顶生小叶较侧生小叶大，矩圆状长椭圆形。总状花序叶腋生，总花柄细弱；小苞片狭披针形；花萼钟形，萼齿 5，长为萼筒的 2~3 倍；花冠黄白色。荚果斜卵形至近圆形，具网脉。花期 7~8 月，果期 9~10 月。

产宁夏六盘山及罗山，生于向阳山坡及灌丛。分布于河北、山西、山东、江苏、安徽、浙江、湖北、湖南、江西、福建、四川、贵州、陕西和甘肃等省。

（江建强　拍摄）

13. 豇豆属　*Vigna* Savi

（1）**豇豆** *Vigna unguiculata* (L.) Walp.

一年生缠绕、草质藤本。羽状复叶具 3 小叶；托叶披针形；小叶卵状菱形，先端急尖，全缘或近全缘。总状花序腋生；花 2~6 朵聚生于花序的顶端；花萼浅绿色，钟状，裂齿披针形；花冠黄白色而略带青紫，花冠蝶形。荚果下垂，直立或斜展，线形。花期 5~8 月。

宁夏全区普遍栽培。全国各地均有栽培。

（2）赤小豆 *Vigna umbellata* (Thunb.) Ohwi et Ohashi

一年生草本。羽状复叶具 3 小叶；小叶纸质，卵形或披针形，先端急尖，基部宽楔形或钝，全缘或微 3 裂，有基出脉 3 条；托叶盾状着生，披针形或卵状披针形。总状花序腋生，短，有花 2~3 朵；花黄色；龙骨瓣右侧具长角状附属体。荚果线状圆柱形，下垂；种子 6~10 颗，长椭圆形，通常暗红色。花期 5~8 月。

宁夏部分市县有栽培。我国南部野生或栽培。

14. 菜豆属 *Phaseolus* L.

（1）荷包豆 *Phaseolus coccineus* L.

一年生缠绕草本。羽状三出复叶，小叶菱状宽卵形，先端急尖，基部宽楔形或圆形，全缘，两面无毛；托叶椭圆形。总状花序叶腋生，具花 20～30 朵；萼齿 5，卵形，上方 2 齿合生，被短柔毛；花冠红色，旗瓣反折，较翼瓣短，龙骨瓣卷曲；子房疏被柔毛，花柱拳卷。荚果线形，稍弯。种子肾形，近黑红色，有红色斑纹。花期 6～8 月，果期 7～9 月。

宁夏部分市县有栽培。原产中美洲，现各温带地区广泛栽培。

（2）菜豆 *Phaseolus vulgaris* **L.**

一年生缠绕草本，被短柔毛。羽状三出复叶；托叶卵状披针形；小托叶椭圆形或线形；小叶宽卵形或菱状卵形，侧生小叶偏斜，先端急尖至短渐尖，基部宽楔形、圆形或截形，全缘，两面被毛。总状花序叶腋生，较叶短，具花 10 数朵；花萼钟形，萼齿 5，上方 2 萼齿合生；花冠白色，蝶形。荚果线形，膨胀或稍扁，先端具喙，无毛。花期 6~8 月，果期 8~9 月。

宁夏普遍栽培。全国各地均有栽培。

15. 大豆属 *Glycine* Willd.

（1）大豆 *Glycine max* **(L.) Merr.**

一年生草本。茎直立或伏卧，多分枝，密被长硬毛。羽状三出复叶，密被直伸或微倒生的长硬毛；小叶卵形、三角状斜卵形至狭卵形，先端急尖或渐尖，基部宽楔形或圆形，全缘，两面被硬伏毛。总状花序短，叶腋生，具花 2~6 朵；花萼钟形，被长硬毛，萼齿锥状披针形，较萼筒长；花冠白色或紫红色，蝶形；荚果肥大，长圆形，稍弯。花期 7~8 月，果期 8~9 月。

宁夏全区普遍栽培。全国各地均有栽培，以东北最著名。

（2）野大豆 *Glycine soja* **Sieb. et Zucc.**

一年生草本。茎细弱，缠绕，多从基部分枝。羽状三出复叶；托叶小，卵形；小叶狭卵形至卵状披针形，全缘。总状花序极短，叶腋生，具花2朵，稀1或3朵；花萼钟形，萼齿披针形，较萼筒长；花冠蓝紫色。荚果线状矩圆形，稍弯，被棕黄色长硬毛。花期7~8月，果期8~9月。

产宁夏引黄灌区及贺兰山，多生于渠沟边、荒地、田边及果园。分布于除新疆、青海和海南外，遍布全国。

16. 两型豆属 *Amphicarpaea* **Elliott ex Nutt.**

两型豆 *Amphicarpaea edgeworthii* **Benth.**

一年生缠绕草本。茎纤细。叶具羽状3小叶；托叶小，披针形或卵状披针形；侧生小叶稍小，常偏斜。花二型：生在茎上部的为正常花，排成腋生的短总状花序，有花2~7朵；苞片近膜质，卵形至椭圆形；花萼管状，5裂，裂片不等；花冠淡紫色或白色；雄蕊二体。下部生闭锁花，无花瓣。荚果二型；完全花结的荚果为长圆形或倒卵状长圆形；闭锁花结的荚果呈椭圆形或近球形。花、果期8~11月。

产宁夏六盘山，生于山坡路旁及旷野草地。分布于东北、华北至陕西、甘肃及南方各地。

（江建强　拍摄）

17. 百脉根属 *Lotus* L.

百脉根 *Lotus corniculatus* Linn.

多年生草本。具主根。茎丛生，平卧或上升，实心，近四棱形。羽状复叶小叶 5 枚；叶轴疏被柔毛，顶端 3 小叶，基部 2 小叶呈托叶状，纸质，斜卵形至倒披针状卵形；小叶柄密被黄色长柔毛。伞形花序；花 3~7 朵集生于总花梗顶端；花梗短，基部有苞片 3 枚；苞片叶状，与萼等长，宿存；萼钟形，无毛或稀被柔毛，萼齿近等长，狭三角形，渐尖，与萼筒等长；花冠蝶形，黄色或金黄色；雄蕊两体；花柱直，柱头点状，子房线形，胚珠 35~40 粒。荚果直，线状圆柱形。花期 5~9 月，果期 7~10 月。

宁夏银川市公园有栽培。分布于西北、西南和长江中上游各地区。

18. 刺槐属 *Robinia* L.

（1）毛洋槐 *Robina hispida* L.

落叶灌木。二年生枝深灰褐色，密被褐色刚毛。羽状复叶小叶 5~7（~8）对，椭圆形、卵形、阔卵形至近圆形，通常叶轴下部 1 对小叶最小，两端圆，先端芒尖；小托叶芒状，宿存。总状花序腋生，除花冠外，均被紫红色腺毛及白色细柔毛，花 3~8 朵；苞片卵状披针形，早落；花萼紫红色，斜钟形，萼齿卵状三角形，先端尾尖至钻状；花冠红色至玫瑰红色，花瓣具柄，旗瓣近肾形，先端凹缺，翼瓣镰形；龙骨瓣近三角形，先端圆，前缘合生，与翼瓣均具耳；雄蕊二体；子房近圆柱形。荚果线形，扁平，密被腺刚毛，有种子 3~5 粒。花期 5~6 月，果期 7~10 月。

宁夏银川市、吴忠市等地有栽培，供观赏。原产北美。

（2）刺槐 *Robinia pseudoacacia* **L.**

乔木。奇数羽状复叶，小叶 11~19 枚，矩圆形、椭圆形、卵状矩圆形或长短圆状椭圆形。总状花序下垂；花萼钟形，萼齿不等长，稍二唇形；花冠白色。荚果线状长椭圆形，扁平。花期 5~6 月，果期 8~9 月。

宁夏全区普遍栽培。作行道树和庭院观赏树种。原产美国东部。

（3）红花刺槐 *Robinia pseudoacacia* **L. f.** *decaisneana* **(Carr.) Voss**

落叶乔木，高达 25m，有匍匐枝，奇数羽状复叶，小叶 7~19 枚，卵形或椭圆形，总状花序腋生，花冠蝶形紫红色。荚果扁平，花期在 5~6 月，果期 8~9 月。

宁夏银川市、吴忠市等地有栽培，为名贵观赏树种。原产北美。

19. 甘草属 *Glycyrrhiza* L.

（1）洋甘草 *Glycyrrhiza glabra* L.

多年生草本。茎直立。羽状复叶有小叶 11~17 枚，叶柄密被黄褐色腺毛及长柔毛，小叶长圆状披针形或卵状披针形。总状花序腋生，花萼钟状，萼齿 5，上方的 2 枚大部分连合；花冠紫或淡紫色；子房无毛。荚果密生成长圆形果序，果长圆形，扁，直或微弯，无毛或疏被毛，有时有刺毛状腺体。种子 2~8，肾形。花期 5~6 月，果期 7~9 月。

宁夏银川植物园有栽培。分布于新疆。

（2）圆果甘草 *Glycyrrhiza squamulosa* Franch.

多年生草本。茎直立。奇数羽状复叶，小叶 7~13 枚，小叶矩圆状长椭圆形、卵状长椭圆形或卵形。总状花序叶腋生，较叶长或等长，花密集；萼钟形，萼齿披针形，较萼筒稍短或等长；花冠白色。荚果卵圆形或近圆形，被瘤状突起。花期 6~8 月，果期 7~9 月。

宁夏全区普遍栽培。产宁夏黄灌区，多生于河岸阶地、路边、田边、荒地及沟渠旁。分布于内蒙古、河北、山西和新疆等省（自治区）。

（3）甘草 *Glycyrrhiza uralensis* Fisch.

多年生草本。茎直立，具分枝。奇数羽状复叶，互生，具小叶 7~13 枚，小叶具短柄，小叶片卵形、宽卵形或近圆形。总状花序叶腋生，花密集，具花 20~40 朵；花萼钟形，萼齿 5，线状披针形，与萼筒等长；花冠淡紫红色或紫红色。荚果线状矩圆形，弯曲成镰状或环状，密被刺状腺体。花期 6~8 月，果期 7~9 月。

宁夏全区分布，多生于田边、河岸、沙地、荒滩及草原。分布于东北、华北及西北各省（自治区）。

20. 紫藤属　*Wisteria* Nutt.

紫藤 *Wisteria sinensis* (Sims) Sweet

落叶藤本。茎左旋，枝较粗壮。奇数羽状复叶；小叶 3~6 对，纸质，卵状椭圆形至卵状披针形。总状花序；花萼杯状；花冠紫色。荚果倒披针形，密被绒毛。花期 4 月中旬至 5 月上旬，果期 5~8 月。

宁夏北部部分区域有栽培。分布于河北以南黄河长江流域及陕西、河南、广西、贵州、云南等地。

21. 骆驼刺属　*Alhagi* Gagneb.

骆驼刺 *Alhagi sparsifolia* Shap.

半灌木。茎直立，具细条纹。叶互生，卵形、倒卵形或倒圆卵形，全缘。总状花序，腋生，花序轴变成坚硬的锐刺，刺长为叶的 2~3 倍；花萼钟状，萼齿三角状或钻状三角形；花冠深紫红色。荚果线形，常弯曲。

产宁夏中宁县，生于荒漠地区的沙地、河岸、农田边。分布于内蒙古、甘肃、青海和新疆等省（自治区）。

22. 岩黄耆属 *Hedysarum* L.

（1）贺兰山岩黄耆 *Hedysarum petrovii* Yakovl.

多年生草本。茎多数，短缩。奇数羽状复叶，具 7~15 枚小叶；托叶卵状披针形；小叶椭圆形或矩圆状卵形。总状花序腋生，较叶长，具花 10~20 朵；苞片线状披针形；花红色或紫红色，花萼钟形，萼齿钻形，长为萼筒的 3 倍以上。荚果具 2~4 荚节，密被柔毛或硬刺。花期 6~7 月，果期 7 月。

产宁夏贺兰山和六盘山，生于山沟及草地。分布于甘肃、内蒙古、陕西等省（自治区）。

（2）宽叶岩黄耆 *Hedysarum polybotrys* Hand. -Mazz. var. alaschanicum (B. Fedtsch.) H. C. Fu et Z. Y. Chu

多年生草本。茎直立。奇数羽状复叶，具小叶 9~15 枚，小叶椭圆形或卵状椭圆形。总状花序叶腋生，较叶长，具 20~30 朵花；花萼斜钟形，萼齿长为萼筒的一半；花冠淡黄色。花期 6~8 月。

产宁夏罗山、南华山及贺兰山，生于海拔 2500m 左右的山沟、灌丛及林缘。分布于甘肃和四川省。

23. 驴食豆属　*Onobrychis* Mill.

驴食草 *Onobrychis viciifolia* Scop.

多年生草本。茎直立，中空。小叶 13~19 枚，几无小叶柄；小叶片长圆状披针形或披针形。总状花序腋生，明显超出叶层；花多数；萼钟状，萼齿披针状钻形；花冠玫瑰紫色。荚果具 1 个节荚，节荚半圆形，上部边缘具或尖或钝的刺。

宁夏有栽培，部分区域有逸生。主要分布于欧洲。

24. 山竹子属　*Corethrodendron* Fisch. & Basiner

（1）蒙古山竹子 *Corethrodendron fruticosum* Pall. var. *mongolicum* (Turcz.) Turcz. ex B. Fedtsch.

半灌木。树皮灰褐色，常呈纤维状剥落；奇数羽状复叶，具 9~17 个小叶，枝下部的小叶椭圆形或长椭圆形，枝上部的小叶线状椭圆形或线状披针形；托叶三角形。总状花序叶腋生，与叶近等长，具花 4~10 朵；花萼钟状筒形，萼齿三角形；花冠紫红色。荚果 2~3 节，两面稍凸起，无毛。花期 7~9 月，果期 9~10 月。

产宁夏中卫市沙坡头，生于流动沙丘上。分布于辽宁、吉林、黑龙江、河北、内蒙古等省（自治区）。

（2）红花山竹子 *Corethrodendron multijugum* (Maxim.) B. H. Choi et H. Ohashi

亚灌木。茎直立，多分枝。奇数羽状复叶，具小叶 23~37 枚，小叶矩圆形至卵状矩圆形；托叶三角形。总状花序叶腋生，具 5~20 朵花；花萼斜钟形，萼齿短，三角形；花冠紫红色。荚果 2~3 节，具网纹，被毛和小刺。花期 6~7 月，果期 7~8 月。

产宁夏罗山、南华山、六盘山及固原、隆德等市（县）。生于干旱砾石质洪积扇和河滩山坡。分布于四川、西藏、新疆、青海、甘肃、陕西、山西、内蒙古、河南和湖北等省（自治区）。

（3）细枝山竹子 *Corethrodendron scoparium* (Fisch. et C. A. Mey.) Fisch. et Basiner

灌木。多分枝。树皮黄色，呈纤维状剥落。奇数羽状复叶，植株下部的叶具小叶 7~11 枚，小叶披针形或线状披针形；托叶三角形。总状花序叶腋生，较叶长；花萼钟状筒形，上面的萼齿短，宽三角形，下面的萼齿长，狭三角形；花冠紫红色。荚果 2~4 节，膨胀，密被白色长毡毛。花期 6~8 月，果期 7~9 月。

产宁夏中卫市沙坡头，生于流动沙丘或半固定沙丘上。分布于内蒙古、甘肃、青海、新疆等省（自治区）。

25. 锦鸡儿属 *Caragana* Lam.

（1）树锦鸡儿 *Caragana arborescens* Lam.

小乔木或大灌木。羽状复叶有 4~8 对小叶；托叶针刺状；叶轴细瘦；小叶长圆状倒卵形、狭倒卵形或椭圆形，端圆钝，具刺尖，基部宽楔形，幼时被柔毛，或仅下面被柔毛。花梗 2~5 簇生，每梗 1 花，关节在上部；花萼钟状，萼齿短宽；花冠黄色，旗瓣菱状宽卵形，宽与长近相等，先端圆钝，具短瓣柄，翼瓣长圆形，较旗瓣稍长，瓣柄长为瓣片的 3/4，耳距状，长不及瓣柄的 1/3，龙骨瓣较旗瓣稍短，瓣柄较瓣片略短，耳钝或略呈三角形。荚果圆筒形，无毛。花期 5~6 月，果期 8~9 月。

宁夏银川市部分公园有栽培。分布于黑龙江、内蒙古、河北、山西、陕西、甘肃和新疆。

（2）矮脚锦鸡儿 *Caragana brachypoda* Pojark.

灌木。小叶 4 枚，假掌状着生，狭倒卵形，先端急尖或圆钝，具小刺尖，基部楔形，两面被柔毛，上面稍密。花单生；花梗短，基部具关节；花萼管状钟形，基部偏斜，成浅囊状，带紫红色，萼齿三角形边缘被柔毛；花冠黄色。荚果披针形。花期 5 月。

产宁夏贺兰山及盐池、灵武、中宁、中卫等市（县），多生于向阳山坡及山麓路边。分布于内蒙古和甘肃等省（自治区）。

（3）鬼箭锦鸡儿 *Caragana jubata* (Pall.) Poir.

灌木，直立或伏卧地面成垫状，多分枝。叶密生，叶轴宿存并硬化成针刺，灰白色；托叶锥形，先端成刺状，被白色长柔毛；小叶 4~6 对，羽状着生，长椭圆形或倒卵状长椭圆形。花单生，近无梗；花萼筒状，萼齿卵形；花冠淡红色或白色。荚果长椭圆形，密生长柔毛。花期 5~6 月，果期 6~7 月。

产宁夏贺兰山和六盘山，多生于海拔 2400~3000m 山坡灌丛或高山林缘。分布于华北、西北及四川等地。

（4）甘肃锦鸡儿 *Caragana kansuensis* Pojark.

小灌木。茎基部多分枝。枝细长，灰褐色，疏被白色伏柔毛。小叶 4 枚，假掌状着生，线状倒披针形，先端锐尖，具短刺尖，无毛或疏被短柔毛。花梗中部以上具关节；萼筒管状，基部具囊，萼齿三角形；花冠黄色。荚果圆筒形。花期 4~6 月，果期 6~7 月。

产宁夏吴忠、灵武、海原等市（县），生于山坡、沙地。分布于内蒙古、山西、陕西、甘肃等省（自治区）。

（5）柠条锦鸡儿 *Caragana korshinskii* Kom.

灌木。枝条淡黄色。长枝上的托叶宿存硬化成针刺；小叶 5~10 对，羽状排列，无小叶柄，倒卵状长椭圆形或长椭圆形。花单生，中部以上具关节；花萼钟形，萼齿三角形；花冠黄色。荚果扁，红褐色，先端尖。花期 5~6 月，果期 6~7 月。

产宁夏海原、中卫、灵武、盐池等市（县），生于半固定和固定沙地。分布于内蒙古、甘肃等省（自治区）。

（6）白毛锦鸡儿 *Caragana licentiana* Hand. -Mazz.

灌木，嫩枝密被白色柔毛。托叶披针形，硬化成针刺，密被灰白色短柔毛；叶假掌状，小叶 4 枚，倒卵状楔形或倒披针形，先端圆形，有时凹入，具刺尖，基部楔形，两面密被短柔毛。花梗单生或并生，关节在近顶部，被白色短绒毛；花萼管状，基部偏斜，被短柔毛；花冠黄色，旗瓣宽倒卵形或近圆形，中部有橙黄色斑，先端微凹，基部渐狭成瓣柄，翼瓣的瓣柄与瓣片近等长，耳长齿状，龙骨瓣的瓣柄较瓣片稍长，耳齿状；子房密被白色柔毛。荚果圆筒形，被白色柔毛。花期 5~6 月，果期 7~8 月。

产盐池和同心等县，生于干旱山坡。分布于甘肃和青海省。

（7）小叶锦鸡儿 *Caragana microphylla* Lam.

灌木。长枝上的托叶宿存并硬化成针刺，较粗壮；小叶 6~10 对，羽状排列，宽倒卵形或三角状宽倒卵形，先端截形或凹，具小刺尖，基部宽楔形，两面疏被短伏毛。花单生；花梗无毛或疏被短柔毛，中部以上具关节。荚果圆筒形，先端尖，无毛，棕褐色。果期 7~8 月。

产宁夏盐池县麻黄山，多生于干旱山坡。分布于东北、华北及陕西、甘肃等省。

（江建强　拍摄）

（8）甘蒙锦鸡儿 *Caragana opulens* Kom.

矮灌木。托叶硬化成针刺，假掌状着生，具叶轴，先端成针刺；小叶卵状倒披针形，先端急尖，具硬刺尖，无毛。花单生叶腋；花梗中部以上具关节；花萼筒状钟形，萼齿三角形，基部偏斜；花冠黄色。荚果线形，膨胀，无毛。花期 5~6 月，果期 7~8 月。

产宁夏贺兰山及南华山，多生于干旱山坡。分布于山西、青海、内蒙古、陕西、甘肃及四川等省（自治区）。

（9）荒漠锦鸡儿 *Caragana roborovskii* Kom.

矮灌木。树皮黄色，条状剥落。托叶膜质，三角状披针形；叶轴全部宿存并硬化成刺；小叶 4～6 对，羽状着生，倒卵形或倒卵状披针形。花单生；萼筒形，萼齿三角状披针形；花冠黄色。荚果圆筒形，密被柔毛。花期 4~5 月，果期 6~7 月。

产宁夏贺兰山、罗山和南华山及中卫、中宁、盐池、海原、同心、平罗等县，生于干旱山坡或山麓石砾滩地、山谷间干河床。分布于内蒙古、甘肃、青海、新疆等省（自治区）。

（10）红花锦鸡儿 *Caragana rosea* Turcz. ex Maxim.

灌木。树皮绿褐色或灰褐色，小枝细长，具条棱；叶柄脱落或宿存成针刺；叶假掌状；小叶 4 枚，楔状倒卵形，先端圆钝或微凹，具刺尖，基部楔形，近革质，上面深绿色，下面淡绿色，无毛。花梗单生，关节在中部以上，无毛；花萼管状，不扩大或仅下部稍扩大，常紫红色，萼齿三角形，渐尖，内侧密被短柔毛；花冠黄色，常紫红色或全部淡红色；子房无毛。荚果圆筒形。花期 4~6 月，果期 6~7 月。

产宁夏隆德县，银川市植物园有栽培，生于山坡及沟谷。分布于东北、华北、华东及河南、甘肃等地。

（11）多刺锦鸡儿 *Caragana spinosa* (L.) DC.

矮灌木。枝条伸展，多刺。老枝黄褐色，有棱条；托叶三角状卵形，无针刺或极短，边缘有毛；叶轴红褐色或黄褐色，粗壮，嫩时有毛，硬化宿存，短枝上叶无柄；小叶在长枝者常 3 对，羽状，短枝者 2 对，簇生或具柄，狭倒披针形或线形，被伏贴柔毛，灰绿色。花梗单生或 2 个并生，关节在中下部；花萼管状，萼齿三角状，边缘有毛；花冠黄色；子房近无毛。荚果。花期 6~7 月，果期 9 月。

宁夏哈巴湖国家级自然保护区有栽植，分布于新疆。

（12）狭叶锦鸡儿 *Caragana stenophylla* Pojark.

灌木。小叶，假掌状着生，线状倒披针形，先端急尖，具小尖头，基部渐狭，两面无毛或疏被柔毛。花单生；近中部具关节；花萼钟形，基部偏斜，萼齿宽三角形，先端具尖头；花冠黄色。荚果线形，膨胀，成熟时红褐色。花期 6~7 月，果期 7~8 月。

产宁夏贺兰山及同心、中卫、海原等县，生于向阳干旱山坡。分布于东北、华北及陕西、甘肃、新疆等省（自治区）。

（13）青甘锦鸡儿 *Caragana tangutica* Maxim ex Kom.

灌木。全部叶轴宿存并硬化成刺；小叶 3 对，羽状着生，顶端小叶较大，基部一对小叶较小，长椭圆形或倒卵状椭圆形，先端圆，具小尖头，基部楔形或近圆形。花单生；花萼钟形，萼齿三角状披针形，先端长渐尖；花冠黄色。荚果线形，密被柔毛。花期 5 月，果期 6 月。

产宁夏六盘山，生于海拔 2200m 左右的山坡林缘。分布于甘肃、青海、西藏、四川等省（自治区）。

（14）毛刺锦鸡儿 *Caragana tibetica* Kom.

灌木。茎分枝多，密集。叶具 3~4 对小叶，小叶线状长椭圆形，先端尖，具小刺尖，两面密被长柔毛。叶轴宿存并硬化成针刺；托叶卵形。花单生，几无梗；花萼筒形，萼齿卵状披针形，长为萼筒的 1/4；花冠黄色。荚果短，椭圆形，外面密被长柔毛。花期 5~7 月。

产宁夏贺兰山、罗山及盐池、中卫、海原、灵武等市（县），生于向阳干旱山坡或山麓石质沙地。分布于内蒙古、陕西、甘肃、青海、四川、西藏等省（自治区）。

26. 米口袋属 *Gueldenstaedtia* Fisch.

少花米口袋 *Gueldenstaedtia verna* (Georgi) Boriss.

多年生草本。茎短缩。奇数羽状复叶，集生于短缩茎上；托叶披针形；小叶 9~13 枚，椭圆形或卵状椭圆形。总花梗从叶丛中抽出，与叶等长或稍短；花 2~3 朵集生于总花梗顶端；花萼钟形，萼齿 5，上面的 2 个齿较大，与萼筒近等长；花冠紫红色。荚果圆柱状，被棕褐色长柔毛。花期 6~7 月，果期 7~8 月。

产宁夏六盘山，生于向阳山坡、草地、路旁砾石地。分布于华东、东北、华北、西北以及华中等地。

27. 高山豆属 *Tibetia* (Ali) Tsui

高山豆 *Tibetia himalaica* (Baker) H. P. Tsui

多年生草本。托叶大，卵形；小叶 9~13 枚，圆形至椭圆形、宽倒卵形至卵形。伞形花序具 1~3 朵花，稀 4 朵；总花梗与叶等长或较叶长。花萼钟状，上 2 萼齿较大，基部合生至 1/2 处，下 3 萼齿较狭而短；花冠深蓝紫色；荚果圆筒形。种子肾形，光滑。花期 5~6 月，果期 7~8。

产宁夏六盘山，生于海拔 2800m 的高山草甸。分布于甘肃、青海、四川和西藏等省（自治区）。

28. 雀儿豆属 *Chesneya* Lindl. ex Endl.

大花雀儿豆 *Chesneya macrantha* Cheng f. ex H. C. Fu

垫状草本。茎极短缩。羽状复叶有 7~9 片小叶；托叶近膜质，卵形，宿存；叶柄和叶轴宿存并硬化呈针刺状；小叶椭圆形或倒卵形。花单生；花萼管状，基部一侧膨大呈囊状，萼齿线形，与萼筒近等长；花冠紫红色。花期 6 月，果期 7 月。

产宁夏贺兰山和牛首山，生于干旱山坡。分布于内蒙古。

29. 棘豆属 *Oxytropis* DC.

（1）猫头刺 *Oxytropis aciphylla* Ledeb.

矮小半灌木。地上茎短而多分枝成垫状。偶数羽状复叶，叶轴先端成刺，具小叶 2~3 对；小叶线形，先端成硬刺尖。总状花序叶腋生，总花梗短，常具 2 朵花；苞片披针形；花萼筒形，萼齿锥形；花冠蓝紫色，龙骨瓣先端具喙。荚果矩圆形。花期 5~6 月，果期 6~7 月。

产宁夏贺兰山、罗山及中卫、青铜峡、永宁、灵武、同心和银川市以北各市（县），生于干旱石质山坡、石质滩地及沙地。分布于河北、内蒙古、陕西、甘肃、青海、新疆等省（自治区）。

（2）地角儿苗 *Oxytropis bicolor* Bge.

多年生草本。无地上茎。叶丛生，具小叶 17~81 个，多 4 个小叶轮生，少 2 小叶对生，小叶片卵状披针形或卵状长椭圆形。总状花序较叶长，花多数，或疏或密的在花序轴顶端集成短总状；花萼筒形，萼齿线形，长为萼筒的 1/4；花冠蓝紫色。荚果矩圆形，背腹略扁，密被白色长柔毛。花期 5~7 月，果期 7~9 月。

产宁夏六盘山及固原、同心、中卫等市（县），生于干旱山坡、石质河滩地、荒地等。分布于内蒙古、河北、山西、陕西、甘肃、青海、河南等省（自治区）。

（3）蓝花棘豆 *Oxytropis caerulea* (Pallas) Candolle.

多年生草本。茎缩短，基部分枝呈丛生状。羽状复叶；托叶披针形，于中部与叶柄贴生，彼此分离；小叶 25~41 枚，长圆状披针形，先端渐尖或急尖，基部圆形。12~20 花组成稀疏总状花序；花萼钟状，萼齿三角状披针形，比萼筒短 1 倍；花冠天蓝色或蓝紫色。荚果长圆状卵形膨胀。花期 6~7 月，果期 7~8 月。

产宁夏贺兰山和泾源县，生于海拔 1200m 左右的山坡或山地林下。分布于黑龙江、内蒙古、河北、山西等省（自治区）。

（4）缘毛棘豆 *Oxytropis ciliata* Turcz.

多年生草本。茎极短缩。叶丛生，奇数羽状复叶，小叶 9~13 枚，线形或线状披针形，先端钝或急尖，基部楔形。总状花序叶腋生，较叶短或有时与叶等长，花 3~7 朵，密集于花序轴顶部呈头状或短总状；花萼筒形，萼齿锥形；花冠黄白色。荚果卵形，膨胀，先端尖，无毛。花期 5~6 月，果期 6~7 月。

产宁夏海原、西吉等县，多生于荒地及黄土丘上。分布于内蒙古、河北等省（自治区）。

（5）急弯棘豆 *Oxytropis deflexa* (Pall.) DC.

多年生草本。茎短，斜升。羽状复叶，具小叶 25~39 枚；托叶披针形；小叶卵状披针形，先端短渐尖或钝，基部宽楔形或圆形。总花梗与叶等长或稍长，总状花序花多密生；花小，淡蓝紫色，花萼钟形，萼齿线形。荚果矩圆状卵形，被黑色短柔毛，或混生有白色短柔毛。花期 6~7 月。

产宁夏贺兰山，生于林下或林缘。分布于山西、内蒙古、甘肃、青海、新疆、西藏等省（自治区）。

（任飞　拍摄）

（6）镰荚棘豆 *Oxytropis falcata* Bge.

多年生草本。茎极短缩。叶丛生，具小叶 45~85 枚，4 个轮生或假轮生；小叶线形或线状披针形；托叶长卵形，下部与叶柄合生。花序与叶近等长或稍长，具花 5~15 朵，集生于花序轴的顶端，密集成近头状；萼筒形，萼齿披针形，长为萼筒的 1/3；花冠淡紫红色，龙骨瓣先端具喙。荚果矩圆形。花期 5~6 月，果期 6~8 月。

产宁夏海原县，生于黄土丘陵和荒地上。分布于甘肃、青海、新疆、四川、西藏等省（自治区）。

（7）华西棘豆 *Oxytropis giraldii* Ulbrich

多年生草本。茎丛生，多分枝。托叶宽三角形；小叶 5~11 对，卵形、椭圆形或矩圆形，先端钝，具小尖头，基部圆形。总状花序紧密，苞片狭三角形；花萼钟形；花冠蓝色或蓝紫色。荚果膜质，近球形，疏被黑色糙伏毛。花期 7 月，果期 8 月。

产宁夏六盘山及泾源、固原市，生于林缘、山坡草地及路边。分布于甘肃、陕西、青海和四川省。

（8）小花棘豆 *Oxytropis glabra* (Lam.) DC.

多年生草本。茎匍匐或斜升，多分枝。奇数羽状复叶，互生，小叶 9~13 枚，长椭圆形、卵状椭圆形至卵状披针形，先端急尖或钝，具小刺尖，基部圆形；托叶卵形至狭卵形。总状花序叶腋生，较叶长，具花约 30 朵，开花时稀疏；花萼钟形，萼齿锥形，长为萼筒的一半；花冠蓝紫色。荚果下垂，披针状椭圆形，膨胀，先端尖，密被白色短伏毛。

宁夏引黄灌区普遍分布，多生于渠沟旁、荒地、田边及低洼盐碱地。分布于内蒙古、山西、陕西、甘肃、青海、新疆、西藏等省（自治区）。

（9）密花棘豆 *Oxytropis imbricata* Kom.

多年生草本。茎短缩。奇数羽状复叶，丛生，具小叶 9~23 枚，长椭圆形或卵状长椭圆形，先端尖，基部圆形，常向上卷。花序叶腋生，较叶长，总花梗细弱，具花 3~15 朵，集生于花序轴顶部成总状或近头状；花萼钟形，萼齿与萼筒近等长；花冠红紫色。花期 6~7 月。

产宁夏南华山，生于海拔约 2500m 的向阳干旱山坡。分布于甘肃、青海等省。

（10）宽苞棘豆 *Oxytropis latibracteata* Jurtz.

多年生草本。茎极短缩。叶丛生，奇数羽状复叶，具小叶 11~19 枚，对生或近对生，小叶长椭圆形、椭圆状披针形或狭卵形，先端急尖，基部圆形。总状花序叶腋生。较叶长或近等长，花序轴密被黄色柔毛，具花 5~10 朵，集生于花序轴的顶部呈头状；花萼筒形，密生黄色柔毛，萼齿线形，长为萼筒的一半；花冠淡紫色。荚果卵状椭圆形，膨胀，先端尖，密被黑色和白色短毛。花期 6 月，果期 7 月。

产宁夏贺兰山及罗山，生于海拔 1700~3500m 高山灌丛草甸和杂草草甸。分布于甘肃、青海、四川等省。

（11）米尔克棘豆 *Oxytropis merkensis* Bge.

多年生草本。茎极短缩。奇数羽状复叶丛生，具 9~13 枚小叶，椭圆形或卵状椭圆形。总状花序叶腋生，花序轴远较叶长，细弱，成弧形弯曲，具花 5~12 朵，生于花序轴顶部，疏松，或开花前较紧密；花萼筒形，萼齿线形，与萼筒几等长；花冠黄色。花期 6 月。

产宁夏南华山、贺兰山和中卫香山，生于向阳干旱山坡。分布于甘肃、青海、内蒙古、新疆等省（自治区）。

（12）单叶棘豆 *Oxytropis monophylla* Grub.

多年生草本。茎短缩。具 1 枚小叶；托叶卵形，与叶柄合生；小叶近革质，椭圆形或椭圆状披针形，先端锐尖或近锐尖，基部楔形。花葶较叶短，通常具 1~2 朵花；花萼筒状，萼齿三角状钻形；花冠淡黄色，龙骨瓣具三角形短喙。荚果卵球形，先端具短喙。花期 6~7月，果期 7~8 月。

产宁夏贺兰山及灵武市，生于山坡或砾石地。分布于内蒙古和宁夏等省（自治区）。

（13）糙荚棘豆 *Oxytropis muricata* (Pall.) DC.

多年生草本。茎缩短，丛生。轮生羽状复叶；小叶 15~18 轮，每轮通常 4 片，稀对生，线形、披针形或长圆形，先端尖，基部圆形，两面疏被黄色腺点。头形总状花序，花葶较叶短或与之等长，直立；花萼筒状，萼齿三角形；花冠淡黄白色。荚果革质，略呈圆柱状，略弯曲，无毛，密被粗糙的腺点。花期 6 月，果期 7 月。

产宁夏西吉县月亮山、中卫香山和海原西华山，生于温性草甸草原。分布于宁夏和甘肃等省（自治区）。

（14）多叶棘豆 *Oxytropis myriophylla* (Pall.) DC.

多年生草本。无地上茎。叶丛生，小叶可多达 100 个，常 4~6 个轮生，小叶线形或线状披针形；托叶卵状披针形。总状花序较叶长，花多数，集生于花序轴顶部成较密的总状；苞片披针形；花萼筒形，萼齿线形，常呈暗紫色；花冠紫色。荚果长椭圆形，膨胀，密被长柔毛。花期 6 月，果期 7~8 月。

产宁夏六盘山及固原、隆德等市（县），生于林缘草地及荒地。分布于辽宁、吉林、黑龙江、内蒙古、河北、山西、陕西等省（自治区）。

（15）黄毛棘豆 *Oxytropis ochrantha* Turcz.

多年生草本，无地上茎或茎极缩短。羽状复叶；托叶膜质，上部披针形；小叶 8~9 对，对生或 4 枚轮生，卵形、披针形、线形或矩圆形。总状花序圆柱状，花多密集；苞片线状披针形；花萼筒状，萼齿钻状，与筒部近等长；花冠黄色或白色。荚果卵形，密被土黄色长柔毛。花期 6~7 月，果期 7~8 月。

产宁夏六盘山、罗山、贺兰山和南华山，生于海拔 1800m 左右的山坡草地。分布于内蒙古、河北、山西、陕西、甘肃、四川及西藏等省（自治区）。

（16）黄花棘豆 Oxytropis ochrocephala Bunge

多年生草本。茎直立，密被黄色长柔毛，多由基部分枝。奇数羽状复叶，具小叶 17~29个，卵形、长卵形或卵状披针形，先端急尖或渐尖，基部圆形；托叶卵形。总状花序叶腋生，较叶长，具花 10~50 朵，密集于花序轴的顶部呈圆柱状；花萼筒形，萼齿锥形，长为萼筒的一半；花冠黄色。荚果矩圆形，膨胀，先端尖，密被黄色短毛。花期 6~7 月，果期 7~9 月。

产宁夏南华山及西吉、海原等县，多生于高山草甸。分布于甘肃、青海、四川、西藏等省（自治区）。

（17）砂珍棘豆 Oxytropis racemosa Turcz.

多年生草本。地上茎极短。叶丛生，具 25~43 个小叶，常 4~6 片轮生，小叶线形或线状披针形；托叶卵形，下部与叶柄合生。花序与叶近等长或稍长；具花 10~15 朵，密集于花序轴的顶端近头状；花萼钟形，萼齿线形，与萼筒近等长；花冠紫色。荚果卵形，1 室，膨胀，被短柔毛。花期 7~8 月，果期 8~9 月。

产宁夏盐池县，生于干旱山坡或沙地。分布于辽宁、吉林、黑龙江、内蒙古、河北、山西、陕西等省（自治区）。

（18）**多枝棘豆** *Oxytropis ramosissima* **Kom.**

多年生草本。茎分枝多，细弱，铺散。轮生羽状复叶；托叶线状披针形或披针形；小叶 2~5 轮，通常每轮 4 片，亦有对生的，线形或线状圆形。1~2（~3）花组成腋生短总状花序；花萼筒状，蓝紫色，萼齿披针状钻形，长为萼筒之半；花冠蓝紫色。荚果革质，椭圆形或近卵形，扁平，先端微弯。花期 5~8 月，果期 8~9 月。

产宁夏盐池县和灵武市，生于流动沙丘、半固定沙丘、沙质坡地及风积砂地上。分布于内蒙古、陕西等省（自治区）。

（19）**鳞萼棘豆** *Oxytropis squammulosa* **DC.**

多年生草本。茎极缩短，丛生。叶基生，奇数羽状复叶，具 9~17 个小叶，小叶线形，先端尖，常向上卷成圆筒状。总状花序极短，具 1~3 朵花；花萼筒形，萼齿近三角形；花冠乳白色，龙骨瓣先端具喙。荚果卵形，膨胀。花期 5~6 月，果期 6~7 月。

产宁夏罗山、盐池县、固原云雾山，生于石质干旱山坡或沙地上。分布于内蒙古、陕西、甘肃等省（自治区）。

（20）洮河棘豆 *Oxytropis taochensis* Kom.

多年生草本。茎直立或平卧，多由基部分枝。奇数羽状复叶，具 13~19 个小叶，椭圆形、卵状椭圆形或卵状披针形；托叶披针形。花序叶腋生，较叶长，花 7~15 朵，排列于花序轴顶端成总状或短总状；苞片线形；花萼筒形，萼齿锥形，短于萼筒；花冠蓝紫色。花期 6~7 月。

产宁夏六盘山及罗山，生于石质河滩地。分布于陕西、甘肃、四川等省。

（21）胶黄耆状棘豆 *Oxytropis tragacanthoides* Fisch.

球形垫状矮灌木。茎很短，分枝多。奇数羽状复叶，小叶 7~11 （~13）个，椭圆形、长圆形、卵形或线形。短总状花序由 2~5 花组成；总花梗较叶短；苞片线状披针形；花萼筒状，萼齿线状钻形；花冠紫色或紫红色。荚果球状卵形。花期 6~8 月，果期 7~8 月。

产宁夏贺兰山（汝箕沟），生于海拔 1800~2200m 的干旱石质山地或山地河谷砾石沙土地。分布于甘肃、青海、新疆等省（自治区）。

30. 黄芪属 *Astragalus* L.

（1）斜茎黄耆 *Astragalus laxmannii* Jacquin

多年生草本。茎多数丛生，斜升。奇数羽状复叶，具小叶 11~25 枚，卵状椭圆形、椭圆形或长椭圆形，先端钝，基部圆形；托叶三角形或卵状三角形。总状花序叶腋生，远较叶长，具花约 40 朵，较紧密；花萼钟形，萼齿锥形，不等长；花冠蓝紫色。荚果圆筒形，背缝线凹陷，被黑色丁字毛。花期 6~7 月，果期 8~10 月。

宁夏全区普遍分布，多生于山坡、草地、沟渠边、田边及低洼盐碱地。分布于东北、华北、西北及河南、四川、云南等省。

（2）阿拉善黄耆 *Astragalus alaschanus* Bunge et Maxim.

多年生草本。茎多数，细弱，常匍匐。羽状复叶有 11~15 片小叶；托叶离生，三角状卵形；小叶卵形或倒卵形，稍肥厚，先端钝圆或微凹，基部宽楔形或近圆形。总状花序生 10~15 花，呈头状；花萼钟状，萼齿披针形或三角状披针形，长不及萼筒的 1/2；花冠近白色。花期 6 月。

产宁夏贺兰山，生于海拔 2000m 左右的山坡。分布于内蒙古和宁夏等省（自治区）。

（3）地八角 *Astragalus bhotanensis* Baker

多年生草本。茎直立。羽状复叶，具小叶 11~25 枚，小叶倒卵形或倒卵状椭圆形，先端钝，具小尖头，基部楔形。花 8~20 朵排列成近似头状的总状花序；花萼管状，萼齿披针形；花冠紫红色。荚果圆柱形，背腹稍扁，先端具喙。花期 6~7 月，果期 8~9 月。

产宁夏六盘山，生于海拔 1800m 左右的山坡草地。分布于陕西、甘肃、四川、贵州、西藏、云南等省（自治区）。

（4）草珠黄耆 *Astragalus capillipes* Fisch. ex Bge.

多年生草本。茎丛生，直立，多分枝。奇数羽状复叶，几无毛，小叶 11~15 枚，线状长椭圆形至倒披针形，先端钝或尖，基部楔形；托叶三角状披针形至披针形。总状花序叶腋生，花多数，较疏散；花萼宽钟形，萼齿披针形；花冠白色或淡红色。花期 6 月。

产宁夏南华山和固原市，生于河谷沙地、向阳山坡及路旁草地。分布于内蒙古、河北、山西及陕西等省（自治区）。

（5）金翼黄耆 *Astragalus chrysopterus* Bge.

亚灌木。茎丛生，多分枝。奇数羽状复叶，小叶 15~21 枚，椭圆形，先端圆，具小尖头，基部圆形，上面无毛；托叶披针形，离生。总状花序叶腋生，具花 3~20 朵；花萼钟形，萼齿披针形；花冠黄色。荚果倒卵形至倒披针形。花期 6~7 月，果期 7~8 月。

产宁夏六盘山，生于海拔 2400m 左右的山顶灌丛、林缘。分布于四川、河北、山西、陕西、甘肃和青海等省。

（6）悬垂黄耆 *Astragalus dependens* Bge.

多年生草本。茎丛生，直立，具分枝。奇数羽状复叶，具小叶 9~19 枚，小叶椭圆形，先端圆形或微凹，基部近圆形，边缘常向上反折；托叶披针形。总状花序叶腋生，远较叶长，具花约 40 朵，生于总花梗上部，稍疏散；花萼宽钟形，萼齿短，三角形；花冠淡紫红色。荚果椭圆形，膨胀，先端具长喙，具横纹，无毛。花果期 5~7 月。

产宁夏固原市，多生于干旱山坡及荒地。分布于四川、甘肃、青海等省。

（7）灰叶黄耆 *Astragalus discolor* Bge. ex Maxim.

多年生草本。茎从基部分枝，成丛生状，直立或斜升。奇数羽状复叶，具小叶9~21个，长椭圆形或卵状披针形，先端圆钝，基部楔形。总状花序叶腋生，具花10~20朵，疏散；苞片披针形；花萼筒形，萼齿不等长；花冠蓝紫色。果实扁平，线形，两端尖，具明显果梗，果梗长于花萼，被黑色丁字毛。花期6月，果期7月。

产宁夏贺兰山及中卫市，多生于石质山坡。分布于内蒙古、河北、山西和陕西等省（自治区）。

（8）单叶黄耆 *Astragalus efoliolatus* Hand. -Mazz.

多年生草本。地上茎缩短成密丛。单叶成丛生状，线形，两面密被灰白色丁字毛。短总状花序具花2~5朵；花萼筒形，萼齿线状锥形，与萼筒等长或稍短，花冠紫红色。荚果卵状矩圆形，疏被丁字毛。花期6~9月，果期7~10月。

产宁夏罗山及中卫、同心、海原、盐池、灵武等市（县），多生于干旱山坡、石质干河床、田边、路旁。分布于内蒙古、陕西、甘肃等省（自治区）。

（9）胀萼黄耆 *Astragalus ellipsoideum* Ledeb.

多年生草本。茎短缩。奇数羽状复叶，具小叶 9~21 枚，小叶片椭圆形或倒卵形，先端急尖或圆钝。总状花序紧密，卵形或圆筒形；花萼筒状，萼齿钻形，长为萼筒的 1/3；花冠黄色。荚果卵状矩圆形。花期 5~6 月，果期 7~8 月。

产宁夏贺兰山及石嘴山、青铜峡等市，生于干旱山坡、砾石滩地。分布于山西、内蒙古、甘肃、青海、新疆等省（自治区）。

（10）乳白黄耆 *Astragalus galactites* Pall.

多年生草本。地上茎极短缩呈丛生状；奇数羽状复叶，具 9~21 个小叶，小叶椭圆形或倒卵状椭圆形，先端钝或急尖，基部圆形或楔形。花几无梗；萼筒形，萼齿线形，长为萼筒的一半；花冠乳白色。花期 5 月。

产宁夏银川、中卫、盐池等地，多生于石质滩地及沙地。分布于辽宁、吉林、黑龙江、西北及内蒙古等地。

（11）荒漠黄耆 *Astragalus grubovii* Sanchir.

多年生草本。无地上茎或被短缩。奇数羽状复叶，具小叶 15~29 枚，小叶椭圆形或倒卵形，先端圆或稍尖，基部宽楔形或近圆形；花多数密集于叶丛基部；花萼筒形，萼齿线形；花冠白色，带淡黄色。荚果卵状长圆形或卵形，密被白色长柔毛。花期 6~7 月，果期 7~8 月。

产宁夏贺兰山，生于干旱山坡，分布于辽宁、吉林、黑龙江、内蒙古等省（自治区）。

（12）乌拉特黄耆 *Astragalus hoantchy* Franch.

多年生草本。茎直立。奇数羽状复叶，具小叶 9~25 枚，叶片宽椭圆形、宽倒卵形或近圆形，先端微凹、截形或圆形，具小尖头，基部近圆形或宽楔形；托叶三角状披针形。总状花序叶腋生，具花 8~20 朵，疏散；花萼钟形，基部偏斜，萼齿线形，长约为萼筒的一半；花冠紫红色。荚果矩圆形，两侧稍扁，先端尖；花期 5~6 月，果期 6~7 月。

产宁夏贺兰山、须弥山和罗山，生向阳石质山坡、石质山沟、干河滩地。分布于内蒙古、甘肃、青海等省（自治区）。

（13）鸡峰山黄耆 *Astragalus kifonsanicus* Ulbr.

多年生草本。茎匍匐斜上，多分枝。羽状复叶有 3~9 片小叶；叶柄短，被白色伏贴毛；托叶膜质，离生，卵形或卵状披针形，疏被白色柔毛；小叶披针形，两面被白色伏贴毛，无柄或近无柄。总状花序生 5~15 花；花萼管状，被伏贴毛，萼齿披针形，长为筒部的 1/3~1/2；花冠淡红色或白色。荚果圆柱形。种子肾形。花期 4~5 月，果期 8~10 月。

产宁夏六盘山和彭阳，生于山坡，灌丛和河滩等地。分布于山西、陕西、甘肃和河南等省。

（14）马衔山黄耆 *Astragalus mahoschanicus* Hand.-Mazz.

多年生草本。茎细弱。羽状复叶有 9~19 片小叶；托叶离生，宽三角形；小叶卵形至长圆状披针形，先端钝圆或短渐尖，基部近圆形，几无小叶柄。总状花序生 15~40 花，密集呈圆柱状；花萼钟状，萼齿钻状，与萼筒近等长；花冠黄色。荚果球状。花期 6~7 月，果期 7~8 月。

产宁夏南华山，生于海拔 2400m 的山顶、沟边草坡。分布于四川、内蒙古、甘肃、青海和新疆等省（自治区）。

（15）草木樨状黄耆 *Astragalus melilotoides* Pall.

多年生草本。茎丛生，直立，上部多分枝。奇数羽状复叶，具小叶 5~7 枚，小叶长矩圆形或矩圆状倒披针形，先端截形、圆形或微凹，基部楔形。总状花序叶腋生，具花 5~30 朵，疏散；苞片三角形，先端尖；花萼钟形，萼齿短，三角形；花冠白色或粉红色。荚果宽倒卵状球形，具横纹，无毛。花期 7 月，果期 8 月。

产宁夏贺兰山、罗山及中卫、银川、贺兰、平罗、盐池等市（县），生于山坡、沟旁、田边。分布于东北、华北及陕西、甘肃、青海、河南、山东等省。

（16）蒙古黄耆 *Astragalus mongholicus* Bunge.

多年生草本。茎直立，上部具纵棱。奇数羽状复叶，具小叶 13~27 枚，椭圆形或卵状长圆形，先端钝圆或微凹，基部圆形；托叶卵形至披针形，离生。总状花序叶腋生，较叶长或近等长，具花 10~25 朵，稍稀疏；花萼钟形，萼齿不等长，三角形至锥形，长为萼筒的 1/5~1/4；花冠黄色。荚果椭圆形，一侧边缘呈弓状弯曲，膨胀，果柄长于花萼。花期 6~7 月，果期 7~9 月。

产宁夏贺兰山、罗山及六盘山，生于山坡、林缘及灌丛中。分布于东北、华北及陕西、甘肃、新疆、四川、西藏等省（自治区）。

（17）细弱黄耆 *Astragalus miniatus* Bge.

多年生矮小草本。茎自基部分枝，成丛生状，细弱，平卧或斜升。奇数羽状复叶，具小叶 13~21 枚，椭圆状披针形或线形，先端钝，基部楔形，边缘常内卷；托叶三角形。总花梗较叶长，短总状花序生于顶端，具花 3~10 朵；苞片披针形；花萼钟形，萼齿锥形；花冠淡紫红色。荚果圆柱形，背缝线深凹陷，表面密被白色丁字毛。花期 5~6 月，果期 6~7 月。

产宁夏罗山及同心县，生于干旱山坡。分布于辽宁、吉林、黑龙江、内蒙古等省（自治区）。

（18）边向花黄耆 *Astragalus moellendorffii* Bge.

多年生草本。茎直立或斜升。奇数羽状复叶，具小叶 3~5 枚，通常 5，狭卵形至卵状披针形，先端钝或圆，基部圆形；托叶卵形至卵状披针形。总状花序顶生或腋生，具花 8~15 朵，较疏松，常偏向一侧；花萼钟形，萼齿短，三角形；花冠蓝紫色。荚果披针形或狭卵形，两端渐尖，果柄较萼长。花期 6~7 月，果期 7~8 月。

产宁夏六盘山，生于海拔 2600~2800m 的山顶向阳草坡。分布于华北及甘肃等省。

（19）长毛荚黄耆 *Astragalus monophyllus* Bge. ex Maxim.

多年生矮小草本。茎短缩。叶羽状三出复叶，小叶宽卵形或近圆形。总状花序具 1~2 朵花；花萼钟形，萼齿线形；花淡黄色。荚果矩圆形，稍膨胀。花期 5 月，果期 6~7 月。

产宁夏盐池县，生于荒漠草原、砾石山坡。分布于山西、内蒙古、甘肃、新疆等省（自治区）。

（巴音孟克　拍摄）

（20）中宁黄耆 *Astragalus ochrias* Bunge.

多年生草本。根粗状。茎极短，多分枝，形成疏丛状。羽状复叶有 13~21 片小叶；叶柄与叶轴等长；托叶下部合生，上部三角状卵圆形；小叶宽倒卵形、宽椭圆形或近圆形，先端钝圆或急尖。总状花序生 7~8 朵花，排列紧密；苞片狭线形，有细尖；花萼初期管状，后膨大成宽卵圆形，萼齿钻状，长约为萼筒的 1/3；花冠黄色。花期 7~8 月。

产宁夏中宁县，生于海拔 1300m 的农田水渠边。分布于宁夏中宁县。

（21）短龙骨瓣黄耆 *Astragalus parvicarinatus* S. B. Ho

多年生草本。地上茎短缩。叶丛生状，奇数羽状复叶，具小叶 5~7 枚，椭圆形或倒卵状椭圆形，先端圆或具小尖头，基部圆形或楔形。花基生，无花梗；萼筒被开展的白色长毛；花白色或淡黄色。花期 5 月。果未见。

产宁夏银川市和青铜峡，生于半固定沙丘及沙质地。分布于内蒙古自治区和宁夏回族自治区。

（22）多枝黄耆 *Astragalus polycladus* Bur. et Franch.

多年生草本。茎丛生，细瘦，直立或斜升。奇数羽状复叶，具小叶 17~31 枚，小叶椭圆形、倒卵状椭圆形或椭圆状披针形；托叶披针形。总状花序叶腋生，具花 10~15 朵，集生于花序轴顶端，紧密；苞片披针形；花萼钟形，萼齿线形，与萼筒近等长或稍短；花冠堇紫色。荚果倒卵状披针形，先端急尖，果柄较花萼短。花期 6~7 月，果期 7~8 月。

产宁夏贺兰山、南华山及隆德等县，生于山坡、草地、路边、田梗等处。分布于甘肃、青海、四川、贵州、云南等省。

（23）黑紫花黄耆 Astragalus przewalskii Bge.

多年生草本。茎直立。羽状复叶，具小叶 7~17 枚，小叶线状披针形或线形，先端急尖或圆，基部圆形。总状花序腋生，具花 10 数朵，排列紧密，花常下垂；花萼钟形，萼齿线形；花冠深紫色。荚果卵状披针形，被黑色短柔毛。花果期 7~9 月。

产宁夏六盘山，生于海拔 2400m 左右的山坡草地。分布于四川、甘肃、青海等省。

（24）糙叶黄耆 Astragalus scaberrimus Bge.

多年生草本。无地上茎。奇数羽状复叶，具小叶 18~23 枚，椭圆形或卵状椭圆形，先端急尖，基部宽楔形或近圆形。花无梗，多数集生于基部；萼筒形，萼齿线状锥形，长为萼筒的 1/3；花冠乳白色。花期 5 月。

产宁夏银川市以北地区，生于山坡石砾质草地、草原、沙丘及沿河流两岸的砂地。分布于东北、华北及西北。

（25）小黄耆 *Astragalus zacharensis* **Bunge**

多年生草本。茎丛生，直立或斜升，具分枝。奇数羽状复叶，小叶 19~23 枚，椭圆形或披针状椭圆形，先端圆形、近截形或凹，基部楔形至近圆形；托叶三角状卵形或三角状披针形，先端尖。总状花序叶腋生，较叶长，花序轴疏被白色和黑色短伏毛，具花 7~17 朵，较紧密，集生于花序轴的顶端；花萼钟形，萼齿线形；花冠蓝紫色。荚果椭圆形，稍弯，密被白色平伏柔毛，果梗与花萼近等长。花期 5~6 月，果期 6~7 月。

产宁夏贺兰山、六盘山、南华山及海原县，生于山坡、草地、路边。分布于东北、华北。

（26）变异黄耆 *Astragalus variabilis* **Bge. ex Maxim.**

多年生草本。茎多数丛生，直立或稍斜升，上部具分枝。奇数羽状复叶，具小叶 9~15 枚，长椭圆形或狭长椭圆形。总状花序叶腋生，较叶长或近等长，具花 5~8 朵，较紧密；花萼筒形，萼齿锥形；花冠蓝紫色。荚果线形，扁平，弯曲，被白色丁字毛。花期 6~7 月，果期 7~8 月。

产宁夏贺兰山及中卫、灵武等市（县），多生于荒漠地区干旱山坡、石质滩地及固定沙丘上。分布于内蒙古、甘肃、青海等省（自治区）。

莲山黄芪

31. 蔓黄芪属 *Phyllolobium* Fisch.

（1）背扁膨果豆 *Phyllolobium chinense* Fisch. ex DC.

多年生草本。茎丛生，稍扁，具纵棱，通常斜升。奇数羽状复叶，具小叶 9~21 枚，椭圆形或卵状椭圆形；托叶披针形。总状花序叶腋生，比叶长，具花 3~9 朵；苞片锥形，萼齿披针形，与萼筒近等长；花冠白色或带紫色。荚果纺锤形，稍膨胀，背腹压扁，基部具短柄。花期 7~9 月，果期 8~10 月。

产宁夏六盘山、中宁、青铜峡等地，多生于山坡、草坡、灌丛及路边。分布于东北、华北及河南、陕西、甘肃、江苏、四川等省。

（2）牧场膨果豆 *Phyllolobium pastorium* (H. T. Tsai et T. T. Yü) M. L. Zhang et Podlech

茎外倾或平铺。羽状复叶有 7~13 片小叶；托叶三角状或宽卵形，渐尖，疏被黑色缘毛；小叶互生，椭圆状长圆形，先端钝，有短尖头，基部宽楔形，上面无毛，下面被白色伏贴毛；小叶柄连同叶轴疏被黑色毛或近无毛。总状花序生 7~9 朵花，呈伞形花序式，疏被黑色毛或近无毛；总花梗较叶长；苞片卵状椭圆形或卵状披针形，上面无毛，或近无毛，下面略具毛；花梗密被黑色毛；小苞片线形，稍具毛；花萼钟状，被褐色毛，萼齿三角状披针形；花冠青紫色；子房有柄，被短柔毛，柱头被簇毛。荚果膨胀，椭圆形，先端尖喙状，具网脉，疏被褐色短毛，假 2 室，含多颗种子，果颈很短。花期 6~7 月，果期 8~10 月。

产宁夏南华山，生于海拔 2400m 的草地、林缘、林下和阴湿场所。分布于四川和云南等省。

32. 苦马豆属 *Sphaerophysa* DC.

苦马豆 *Sphaerophysa salsula* (Pall.) DC.

多年生草本或半灌木。茎直立，多分枝。奇数羽状复叶；托叶三角状披针形，密被白色短毛；小叶 11~19 枚，倒卵状椭圆形或椭圆形，先端圆或微凹，基部圆形至宽楔形，全缘。总状花序叶腋生，较叶长或与之近等长；花 3~8 朵，着生于花序轴的上部；苞片披针形，小苞片狭卵形；花萼钟形，萼齿 5，近等长，三角形；花冠紫红色。荚果椭圆形或卵圆形，膨胀呈膀胱状。花期 5~7 月，果期 7~8 月。

产宁夏引黄灌区，多生于沟渠旁、荒地、田埂边，习见于盐化草甸、强度钙质性灰钙土上。分布于东北、华北、西北等。

33. 苜蓿属 *Medicago* L.

（1）青海苜蓿 *Medicago archiducis-nicolai* Sirj.

多年生草本。茎平卧或上升，纤细，具棱，多分枝。羽状三出复叶；托叶戟形，先端尖三角形，具尖齿；小叶阔卵形至圆形，纸质，先端截平或微凹，基部圆钝，边缘具不整齐尖齿；顶生小叶较大。花序伞形，具花 4~5 朵，疏松；萼钟形，萼齿三角形，与萼筒近等长；花冠橙黄色，中央带紫红色晕纹。荚果长圆状半圆形，扁平，先端具短尖喙。花期 6~8 月，果期 7~9 月。

产宁夏六盘山，生于温性草甸草原。分布于陕西、甘肃、青海、四川和西藏等省（自治区）。

（2）野苜蓿（黄花苜蓿）*Medicago falcata* L.

多年生草本。茎直立或斜升，多从基部分枝，呈丛生状。羽状三出复叶，托叶披针形或卵状披针形；小叶狭倒卵形、倒卵状披针形或倒卵形，先端圆形、截形或微凹，具小尖头，基部楔形，上部边缘具细锯齿。总状花序叶腋生，总花梗疏被短柔毛；花 10~30 朵，苞片锥形；花萼钟形，萼齿线状披针形，与萼筒近等长；花冠黄色。荚果扁，弯曲达 1 回旋卷，疏被长柔毛。

产宁夏贺兰山，多生于山谷及河滩地。分布于东北、华北、西北。

（3）天蓝苜蓿 *Medicago lupulina* L.

一年生草本。茎斜升或铺散。羽状三出复叶；托叶卵形至卵状披针形，下部与叶轴合生；小叶菱形、菱状倒卵形至宽倒卵形，先端圆或微凹，常具小尖头，基部楔形，上部边缘具细锯齿。总状花序叶腋生，总花梗疏被柔毛；花 5~20 朵；花萼钟形，萼齿披针形，长于萼筒；花冠黄色。荚果旋卷成肾形。花期 6~8 月，果期 7~9 月。

宁夏全区普遍分布，多生于荒地、路边、渠旁及农田中。分布于东北、华北、西北、华中及四川、云南等地。

（4）花苜蓿 *Medicago ruthenica* (L.) Trautv.

多年生草本。茎直立、斜升或平卧，多分枝。羽状三出复叶；托叶披针形，全缘或具牙齿，疏被毛或几无毛；叶片狭卵形或卵状披针形，基部小叶常成倒卵形，先端圆钝，具小尖头，基部楔形或圆形，边缘具细锯齿，基部全缘。总状花序叶腋生，总花梗长于叶，花 6~12 朵，密集于花序轴上部呈头状；花萼钟形，萼齿三角状披针形，稍短于萼筒或与之等长；花冠黄色，具紫色纹。荚果扁平，矩圆状椭圆形，先端具短喙，网脉明显。花期 7~8 月，果期 8~9 月。

产宁夏六盘山、贺兰山、南华山、麻黄山及中卫市，多生于干旱山坡、路边或山坡草地。分布于东北、华北及甘肃、山东、陕西、四川等地。

（5）紫花苜蓿 *Medicago sativa* L.

多年生草本。茎直立或铺散，多分枝。羽状三出复叶；托叶披针形至卵状披针形；小叶倒卵状矩圆形、倒披针形或倒卵形，先端圆钝或微凹，具小尖头，基部楔形，叶上部边缘具锯齿。总状花序叶腋生，花8~25朵；花萼钟形，萼齿披针形，与萼筒等长或稍长；花冠紫红色。荚果螺旋形。花期5~7月，果期6~8月。

宁夏全区普遍栽培。全国各地均有栽培。

34. 胡卢巴属　*Trigonella* Linn.

胡卢巴 *Trigonella foenum-graecum* L.

一年生草本。茎直立，不分枝或少从基部分枝。羽状三出复叶；托叶卵状披针形；小叶倒卵状披针形或倒披针形，先端圆钝，基部楔形，边缘上部1/3~2/3具细锯齿。花1~2朵生叶腋，花萼筒形，萼齿披针形，与萼筒等长或稍短；花冠黄白色。荚果线状圆筒形，先端渐尖，具长喙。花期6~7月，果期7~8月。

宁夏普遍栽培。南北各地均有栽培，在西南、西北各地呈半野生状态。

35. 草木樨属 *Melilotus* Adans.

（1）白花草木樨 *Melilotus albus* Desr.

二年生草本。茎直立，多分枝。羽状三出复叶；托叶锥形，基部与叶柄合生；小叶长椭圆形或倒披针形，先端圆，稀微凹，具小尖头，基部楔形，边缘具细锯齿。总状花序细长，叶腋生；萼齿三角形，先端尖，与萼筒几等长；花冠白色。荚果卵球形。花期 6~8 月，果期 8~9 月。

宁夏各地有栽培。分布于东北、华北、西北及西南。

（2）细齿草木樨 *Melilotus dentatus* (Waldst. et Kit.) Pers.

一年生或二年生草本。茎直立，多从基部分枝。羽状三出复叶；托叶披针形，先端长渐尖，基部具尖裂齿；小叶椭圆形或倒卵状长椭圆形，先端钝或急尖，具小尖头，基部楔形，边缘具密的细锐锯齿。总状花序叶腋生；花萼钟形，萼齿三角形，较萼筒稍短；花冠黄色。荚果卵形或斜卵形。花期 6~7 月，果期 7~8 月。

产宁夏银川灌区，多生于渠沟旁及田埂上。分布于华北及陕西、甘肃、山东等省。

（3）**草木犀** *Melilotus officinalis* **(L.) Pall.**

二年生草本。茎直立，粗壮，多分枝。羽状三出复叶；托叶镰状线形；小叶倒卵形、阔卵形、倒披针形至线形，先端钝圆或截形，基部阔楔形，边缘具不整齐疏浅齿，侧脉8~12对，平行直达齿尖，两面均不隆起，顶生小叶稍大，具较长的小叶柄，侧小叶的小叶柄短。总状花序，腋生，具花30~70朵；萼钟形，萼齿三角状披针形，稍不等长，比萼筒短；花冠黄色。荚果卵形。花期5~9月，果期6~10月。

宁夏全区普遍栽培。分布于东北、华南、西南。

36. 车轴草属　*Trifolium* L.

（1）**红车轴草** *Trifolium pratense* L.

多年生草本。茎直立，下部稍分枝。掌状三出复叶；托叶线状披针形；小叶卵形、菱状卵形或卵状椭圆形，先端圆或微凹，基部楔形，边缘具不明显的细齿牙。花序头状，花多数密集；花萼筒状，萼齿5，不等长，线形，长达萼筒的2倍；花冠红色。荚果倒卵形。花期6月，果期7~8月。

宁夏黄灌区有栽培。原产欧洲中部，我国南北各地均有种植。

（2）白车轴草 *Trifolium repens* Linn.

多年生草本。茎匍匐蔓生，全株无毛。掌状三出复叶；托叶卵状披针形，膜质；叶柄较长，小叶倒卵形至近圆形，先端凹头至钝圆，基部楔形渐窄至小叶柄。花序球形，顶生；总花梗甚长，比叶柄长近 1 倍，具花 20~50 (~80) 朵，密集；萼钟形，萼齿 5，披针形；花冠白色、乳黄色或淡红色，具香气。荚果长圆形。花果期 5~10 月。

宁夏引黄灌区有栽培。原产欧洲和北非，我国各地均有栽培，常见于种植，并在湿润草地、河岸、路边呈半自生状态。

37. 野豌豆属 *Vicia* L.

（1）山野豌豆 *Vicia amoena* Fisch ex DC.

多年生草本。茎直立或攀缘，有棱。偶数羽状复叶具小叶 8~14 枚，叶轴末端成分枝的卷须；小叶椭圆形或倒卵状椭圆形，先端圆或微凹，具小尖头，基部圆形；托叶半箭头形，具齿牙。总状花序叶腋生，与叶等长或较叶长，花序轴疏被柔毛，具花 15~30 朵，生于花序轴的上部；花萼斜钟形，长为萼筒的一半或稍长；花冠紫红色。荚果矩圆状菱形。花期 6~8 月，果期 8~9 月。

产宁夏六盘山及南华山，生于山谷、林缘、灌丛、路边、草地。分布于东北、华北及陕西、甘肃、河南、湖北、山东和江苏等省。

（2）大花野豌豆 *Vicia bungei* Ohwi

一年生草本。茎细弱，具4棱，多分枝。偶数羽状复叶，叶轴具棱，末端成分枝的卷须；小叶 6~12 枚，矩圆形、倒卵状矩圆形、长椭圆形至线形，先端截形或凹，具小尖头，基部圆形至宽楔形；托叶半箭头形，具尖齿牙。总状花序叶腋生，较叶长或与叶等长，具 2~4 朵花；花萼钟形，萼齿不等长，下面的一个萼齿最长，长为萼筒的 1/3，三角状披针形；花冠蓝紫色。荚果矩圆形，稍扁。花期 5~6 月，果期 6~7 月。

产宁夏六盘山、固原市及银川等地，多生于山谷、荒地及农田等处。分布于东北、华北、西南及山东、河南、陕西、甘肃、四川、江苏、安徽等地。

（3）新疆野豌豆 *Vicia costata* Ledeb.

多年生草本。茎直立，多从基部分枝，具棱。偶数羽状复叶，具小叶 10~16 枚，多互生，叶轴末端成分枝的卷须；小叶长椭圆形至椭圆形，先端尖，基部圆形，叶脉明显；托叶半箭头形。总状花序叶腋生，与叶等长或稍短，总花轴疏柔毛，具花 4~8 朵，下垂；花萼斜钟形，萼齿短，三角形；黄淡黄色。荚果矩圆状长椭圆形，扁平。花期 5~6 月，果期 6~7 月。

产宁夏贺兰山，生于山坡林缘。分布于西北及辽宁、吉林、黑龙江、内蒙古、西藏等省（自治区）。

（4）蚕豆 *Vicia faba* L.

一年生直立草本。偶数羽状复叶，具小叶 2~6 个，小叶倒卵状长圆形或椭圆形，先端钝圆，具小尖头，基部楔形，两面无毛；托叶大，半箭头形，边缘具锯齿；叶轴末端呈不发达的刺状卷须。总状花序短，叶腋生，具 1~4（6）朵花；萼钟形，无毛，萼齿 5，长为萼筒的 1/2；花冠白色，具紫色斑块，蝶形。荚果肥厚，近圆柱状，绿色。

宁夏普遍栽培。原产里海南部至非洲北部。

（5）救荒野豌豆 *Vicia sativa* L.

一年生草本。茎细弱，具分枝，有棱。偶数羽状复叶，具 8~16 个小叶，叶轴末端成分枝的卷须，小叶线状椭圆形、卵状披针形、倒卵状矩圆形至倒卵形，先端截形或微凹，具小尖头，基部楔形；托叶半箭头状，具齿牙。花单生叶腋，稀 2 朵；花萼筒形，萼齿披针形；花冠紫红色。荚果线形，扁平。花期 6~7 月，果期 7~8 月。

宁夏全区普遍分布，多生于山谷、沟岸、荒地及麦田中。原产欧洲南部、亚洲西部，现已广为栽培。

（6）歪头菜 *Vicia unijuga* A. Br.

多年生草本。茎直立，多从基部分枝或呈丛生状，四棱形。偶数羽状复叶，具小叶 2 枚，小叶椭圆形、长椭圆形、卵状披针形或近菱形，先端钝而具小尖头，基部楔形；叶轴末端成刺状，托叶半箭头形，具数牙齿。总状花序顶生和腋生，比叶长，具花 5~20 朵，侧向排列于总花梗的上部；萼钟形，萼齿 5，下萼齿长，披针形，上萼齿短，三角形；花冠紫红色。荚果扁平，狭长圆形，先端具短喙。花期 6~8 月，果期 8~9 月。

产宁夏六盘山及西吉县的火石寨，生于海拔 1700~2600m 的高山林缘、灌丛、沟边。分布于东北、华北、西北、西南、华东等地区。

（7）广布野豌豆 *Vicia cracca* L.

多年生草本。茎攀缘。偶数羽状复叶，叶轴末端成分枝的卷须；具小叶 14~24 枚，矩圆状长椭圆形、披针形至线状披针形，先端圆钝或急尖，具小尖头，基部圆形；托叶披针形。总状花序叶腋生，与叶等长或稍长，具花 15~30 朵，生于花序轴上部；花萼钟形，下面一个萼齿最长，三角状披针形，上面的萼齿短，三角形；花冠蓝紫色或紫色。荚果矩圆形，两端尖。花期 6~8 月，果期 7~10 月。

产宁夏六盘山，生于林缘、灌丛、草地。分布于全国各地。

（8）多茎野豌豆 *Vicia multicaulis* **Ledeb.**

多年生草本。茎直立或斜升，丛生，有棱。偶数羽状复叶，叶轴末端成不分枝或分枝的卷须；小叶 8~14 枚，矩圆状长椭圆形至线状矩圆形，先端圆，具小尖头，基部圆形，叶脉明显；托叶半箭头形。总状花序腋生，较叶长，花 4~8 朵；花萼斜筒形；花冠蓝紫色。荚果矩圆形，扁平或稍膨胀。花期 6~7 月，果期 7~8 月。

产宁夏罗山及南华山，多生于山谷沟畔、灌丛及林缘。分布于辽宁、吉林、黑龙江、内蒙古、新疆等省（自治区）。

（9）野豌豆 *Vicia sepium* **L.**

多年生草本。茎柔细斜升或攀援，具棱。偶数羽状复叶，叶轴顶端卷须发达；托叶半戟形，有 2~4 裂齿；小叶 5~7 对，长卵圆形或长圆披针形，先端钝或平截，微凹，有短尖头，基部圆形。短总状花序，花 2~4（~6）朵腋生；花萼钟状，萼齿披针形或锥形，短于萼筒；花冠红色或近紫色至浅粉红色。荚果宽长圆状。花期 6 月，果期 7~8 月。

产宁夏六盘山，生于海拔 1000~2200m 山坡、林缘草丛。分布于西北、西南。

38. 兵豆属 *Lens* Mill.

兵豆 *Lens culinaris* Medic.

一年生矮小草本。茎直立，多从基部分枝。偶数羽状复叶，叶轴先端成不分枝的卷须或呈刚毛状；托叶斜卵状披针形；小叶 6~14，长椭圆形、倒卵状长椭圆形或倒披针形，先端圆形或微凹，基部楔形。总状花序叶腋生，花 1~3 朵，较叶短；萼浅钟形，萼齿线状披针形；花冠淡紫色，蝶形。荚果矩圆形，稍扁。花期 6~8 月，果期 7~9 月。

宁夏南部山区有栽培。我国甘肃、内蒙古、河北、山西、河南、陕西、江苏、四川、云南等省（自治区）均有栽培。

39. 山黧豆属 *Lathyrus* L.

（1）大山黧豆 *Lathyrus davidii* Hance

多年生草本，多分枝。羽状复叶，顶端具卷须，小叶 4~8 片，卵形或卵状椭圆形，先端急尖，基部圆形；叶轴具狭翅；托叶大，半箭头形。总状花序腋生；萼斜钟形，萼齿 5，下面 3 个较大，三角形，急尖；花冠黄色。荚果圆筒形。花果期 6~8 月。

产宁夏六盘山，生于海拔 2000m 左右的林缘、山坡、灌丛草地。分布于东北及山东、河北、山西、陕西、甘肃等省。

（江建强 拍摄）

（2）牧地山黧豆 *Lathyrus pratensis* L.

多年生草本。茎直立或攀缘，四棱形，具纵条纹，被柔毛，多分枝。叶具小叶 1 对，小叶披针形或长圆状披针形，先端渐尖，基部楔形；托叶较大，箭头形，先端渐尖，基部不对称；卷须分枝。总状花序叶腋生，具花 4~8 朵；花萼斜钟形，萼齿披针形，与萼筒等长或稍长，先端渐尖；花冠黄色。荚果圆筒状。花期 6~7 月，果期 8~10 月。

产宁夏六盘山及南华山，多生于海拔 1700~2200m 的山坡灌丛、林缘或草地。分布于黑龙江、陕西、甘肃、青海、新疆、四川、云南、贵州等省（自治区）。

（3）山黧豆 *Lathyrus quinquenervius* (Miq.) Litv.

多年生草本。茎直立或斜升，具窄翅。下部叶具小叶 1 对，上部叶具小叶 2~3 对，叶片披针形，先端急尖或钝，具小尖头，基部楔形；叶轴两侧具窄翅；卷须单一，下部叶卷须较短。总状花序叶腋生，具花 2~5 朵；花萼钟形，上萼齿短，三角形，下萼齿与萼筒近等长或稍短，披针形；花冠蓝紫色。荚果长圆状线形。花期 6~8 月，果期 8~9 月。

产宁夏六盘山，多生于阴坡草地、林缘、路旁、草甸。分布于东北、华北及陕西、甘肃等地。

40. 豌豆属 *Pisum* L.

豌豆 *Pisum sativun* L.

一年生攀缘草本。偶数羽状复叶，末端成羽状分枝的卷须；小叶 2~6 枚，椭圆形或倒卵形，先端圆形、急尖或近截形，具小尖头，基部楔形，全缘或具少数粗锯齿；托叶常大于小叶，下部具疏齿牙。花单生，或 2~3 朵集成腋生短总状花序；花萼钟形，萼齿卵状披针形；花多为白色和紫色，蝶形。荚果长圆筒状，稍扁。花期 6~7 月，果期 7~9 月。

宁夏广为栽培。我国各地均有栽培。

六十一 远志科 Polygalaceae

远志属 *Polygala* L.

（1）西伯利亚远志 *Polygala sibirica* L.

多年生草本。茎丛生，直立或稍斜升。叶近无柄，下部叶较小，椭圆形或卵圆形，上部叶较大，卵状披针形至矩圆状披针形。总状花序顶生或腋生，花稀疏，生于一侧；萼片 5，披针形；花瓣 3，2 侧生花瓣长倒卵形，里面基部被短绒毛，中间龙骨状花瓣较侧生花瓣长，背部顶端具流苏状缨；雄蕊 8。蒴果扁，倒心形，顶端凹陷，周围具翅，边缘具短睫毛。花期 6~7 月，果期 8~9 月。

产宁夏贺兰山、六盘山、罗山和南华山，生于向阳山坡草地、林缘、灌丛中。分布于东北、华北、西北、华中、华南及西南。

（2）远志 *Polygala tenuifolia* Willd.

多年生草本。茎丛生，直立或斜升。叶互生，线状披针形至狭线形，全缘。总状花序顶生或腋生，基部有 3 个苞片，披针形；萼片 5；花瓣 3，2 个侧瓣倒卵形，内侧基部稍有毛，中间龙骨状花瓣，背部顶端具流苏状缨；雄蕊 8。蒴果扁圆形，顶端微凹，边缘有狭翅。花期 7~8 月，果期 8~9 月。

产宁夏贺兰山、罗山及银川、盐池等市（县），生于干旱山坡、草地、路旁。分布于东北、华北、华中及西北。

六十二　蔷薇科　Rosaceae

1. 悬钩子属　*Rubus* L.

（1）秀丽莓 *Rubus amabilis* Focke

小灌木。茎粗壮，铺散，具细尖皮刺。奇数羽状复叶，小叶 7~9 枚，稀 11，卵形或卵状披针形，先端渐尖或锐尖，基部宽楔形或近圆形，边缘具缺刻状重锯齿，顶生小叶较大，有时 3 浅裂；托叶线状披针形。花单生短枝顶端；萼裂片宽卵形，先端渐尖；花瓣白色。聚合果短圆柱形，红色。花期 5 月，果期 8 月。

产宁夏六盘山，生山坡林下。分布于陕西、甘肃、四川、湖北、江西等省。

（2）插田泡 *Rubus coreanus* Miq.

小灌木。茎直立或拱形，枝粗壮，暗褐色，稍具棱，被白粉，具疏刺。奇数羽状复叶，通常具 5 枚小叶，小叶卵形或菱状卵形，先端急尖，基部楔形或近圆形，边缘具不整齐的重锯齿或缺刻；顶生小叶具柄，较侧生小叶大；托叶线状披针形。伞房花序具多花，顶生或腋生；萼裂片披针形或卵状披针形；花瓣倒卵形，稍短于萼片，淡红色。聚合果球形或卵形，红色至紫黑色。花期 5 月，果期 7~8 月。

产宁夏六盘山，多生于山坡灌木林中或林缘。分布于陕西、甘肃、河南、安徽、江苏、江西、湖北、湖南、浙江、四川、贵州等省。

（3）喜阴悬钩子 *Rubus mesogaeus* Focke

落叶攀缘灌木。小枝红褐色，密生绒毛和疏生短皮刺。羽状三出复叶，小叶卵形、宽卵形至菱状卵形，先端渐尖，基部宽楔形、近圆形至截形，稀微心形，边缘浅裂或具不规则的粗锯齿；侧生小叶无柄或柄极短；托叶线形或线状披针形。伞房花序具花 3~8 朵，顶生和腋生。萼裂片披针形或三角状披针形；花瓣菱状倒卵形，白色。聚合果扁球形，黑色。花期 5~6 月，果期 7~8 月。

产宁夏六盘山，生于海拔 1900~2000m 的山坡或山谷林缘。分布于河南、陕西、甘肃、湖北、四川、云南、贵州、台湾、西藏等省（自治区）。

（4）茅莓 *Rubus parvifolius* L.

落叶小灌木。茎拱形弯曲，被短柔毛和倒生皮刺。奇数羽状复叶具 3 枚小叶，有时具小叶 5，顶生小叶具长柄，宽菱形或宽倒卵形，先端圆钝，基部宽楔形至近截形，边缘 3 浅裂或具粗锯齿，侧生小叶近无柄，斜菱形或椭圆形，较顶生小叶小，边缘具不整齐的粗锯齿；托叶线形；萼裂片三角状披针形；花瓣近圆形，粉红色或紫红色。聚合果球形，红色。花期 5~6 月，果期 7~8 月。

产宁夏六盘山，生于山坡林下、林缘或路边。全国各地均有分布。

（5）腺花茅莓 *Rubus parvifolius* L. var. *adenochlamys* (Focke) Migo

本变种花萼或花梗具带红色腺毛。产宁夏六盘山。分布于甘肃、河北、河南、湖北、湖南、江苏、青海、陕西、山西、四川和浙江等省。

（6）菰帽悬钩子 *Rubus pileatus* Focke

落叶蔓性小灌木。茎紫褐色，疏生扁平钩状皮刺。奇数羽状复叶，具小叶5~7枚，通常5枚，小叶卵形或矩圆状卵形，先端渐尖或急尖，基部圆形，边缘具尖锐重锯齿；顶生小叶柄较长；托叶线形或线状披针形。伞房花序具3~5朵花，顶生或腋生；萼裂片卵状披针形；花瓣倒卵状椭圆形，比萼片稍短，白色。聚合果球形，红色。花期6月，果期7~9月。

产宁夏六盘山，多生于海拔1700~2500m的阴湿河谷或林下。分布于河南、陕西、甘肃、四川、湖北等省。

（7）针刺悬钩子 *Rubus pungens* Camb.

落叶蔓性小灌木。茎细瘦；小枝紫褐色，具皮刺、刚毛。奇数羽状复叶，小叶5~7枚，卵形或矩圆状卵形，先端渐尖，基部宽楔形或近圆形，边缘具重锯齿或缺刻状锯齿，顶生小叶较大，边缘有时具浅裂，侧生小叶近无柄；托叶线状披针形。花单生或2~3朵簇生，着生于短枝顶端；萼裂片卵状披针形；花瓣倒卵状匙形，绿白色。聚合果球形，红色。花期5月，果期7月。

产宁夏六盘山，多生于海拔2000~2500m的山地林下、林缘或河边。分布于山西、河南、陕西、甘肃、四川、湖北、云南、西藏等省（自治区）。

（8）库页悬钩子 *Rubus sachalinensis* Lévl.

灌木。茎直立，幼枝紫褐色，被柔毛及腺毛和密的皮刺。羽状三出复叶，具小叶 3 枚，稀具 5 枚，小叶片卵形至卵状披针形，先端短渐尖，基部圆形或近心形，边缘具缺刻状粗锯齿。伞房花序顶生或腋生，具 5~9 朵花，稀单花；萼片长三角形；花瓣白色，舌形或匙形。聚合果红色。花期 6~7 月，果期 8~9 月。

产宁夏罗山和贺兰山，生于海拔 2000~2800m 林下、林缘或干沟石缝。分布于黑龙江、吉林、内蒙古、河北、甘肃、青海、新疆等省（自治区）。

2. 路边青属　*Geum* L.

路边青 *Geum aleppicum* Jacq.

多年生草本。茎直立，单一或有时上部具分枝，带紫色，具纵条棱。茎生叶小或为三出复叶，小叶倒卵状披针形，具短柄；托叶卵形。花单生叶腋；副萼片线状长圆形；萼裂片长三角形，先端渐尖；花瓣黄色，近圆形。瘦果狭椭圆形，顶端和缝线上被硬毛，花柱弯曲成宿存的钩状喙。花期 7 月，果期 8 月。

产宁夏六盘山，生于山谷草地、沟边、地边、河滩、林间隙地及林缘。分布于黑龙江、吉林、辽宁、内蒙古、山西、陕西、甘肃、新疆、山东、河南、湖北、四川、贵州、云南、西藏等省（自治区）。

3. 龙芽草属　*Agrimonia* L.

龙芽草 *Agrimonia pilosa* Ldb.

多年生草本。茎直立，单一或上部分枝，略四棱形。叶互生，不规则的奇数羽状复叶，具小叶 5~11 片，小叶间具有大小不等的小裂片；小叶片菱状倒卵形或倒卵状椭圆形，先端急尖，基部楔形，边缘具 6~9 个粗锯齿；托叶卵形，边缘具粗锯齿。总状花序顶生；萼筒外面具 10 条纵沟，萼片卵状三角形，与萼筒近等长；花瓣长圆形，黄色，雄蕊约 10 个；花柱 2，柱头头状。果实倒圆锥形，顶部具直立刺，先端成钩状。花期 7 月，果期 8~9 月。

产宁夏六盘山、南华山，多生于山谷湿地或山坡路边。全国各地均有分布。

4. 地榆属 *Sanguisorba* L.

（1）高山地榆 *Sanguisorba alpina* Bge.

多年生草本。茎直立，分枝少，基部红紫色。奇数羽状复叶，基生叶和茎下部叶具小叶 7~15 片，小叶片椭圆形或长圆状卵形，先端钝，基部近心形或偏楔形，边缘具粗锯齿；茎生叶较小；托叶上半部小叶状，下半部与叶柄合生抱茎。穗状花序顶生，花多，紧密，长圆柱形；萼片椭圆形，先端圆钝，具小尖头，白色带红晕。未见果实。花期 7~8 月。

产宁夏贺兰山及南华山，生于海拔 2000~2200m 的山谷阴湿处。分布于甘肃和新疆等省（自治区）。

（2）地榆 *Sanguisoba officialis* L.

多年生草本。茎直立，分枝少，具纵细棱和浅沟。奇数羽状复叶，基生叶和茎下部叶具小叶 7~13 片，小叶片矩圆状卵形或椭圆形，先端圆钝或稍尖，基部心形或偏楔形，边缘具尖圆牙齿，上面绿色，光滑。穗状花序顶生，头状或短圆柱状，花由花序顶端渐次向下开放；萼片椭圆形，先端近截形，具短尖头，暗紫红色。瘦果倒卵状长圆形或近圆形。花期 7~8 月，果期 8~9 月。

产宁夏六盘山及固原市，多生于山坡草地或林缘草丛。分布于东北、华北、西北及西南。

5. 蔷薇属 *Rosa* L.

（1）刺蔷薇 *Rosa acicularis* Lindl.

灌木。奇数羽状复叶，具小叶 3~7 枚；小叶片椭圆形或倒卵状椭圆形，先端急尖，基部楔形至近圆形，边缘具细锐锯齿。花单生，苞片卵状披针形，先端尾状长渐尖，萼片披针形，先端长尾尖，顶端稍扩展；花瓣宽倒卵形，玫瑰红色；雄蕊多数。蔷薇果椭圆形，红色，光滑。花期 6 月，果期 6~7 月。

产宁夏贺兰山、罗山及六盘山，生于海拔 2400m 左右的山坡林缘草地或山坡灌丛中。分布于东北、华北及陕西、甘肃、新疆等地。

（2）美蔷薇 *Rosa bella* Rehd. et Wils.

灌木。奇数羽状复叶；具小叶 7~9 枚，小叶椭圆形、矩圆形或卵状椭圆形，先端急尖或圆钝，基部圆形，边缘具尖锐单锯齿，近基部全缘；托叶倒卵状披针形，先端急尖。花单生或 2~3 朵簇生；萼裂片披针形，先端尾状尖，顶端扩展，边缘具锯齿，背面具腺刺，腹面密被短绒毛；花瓣宽倒卵形，粉红色，先端微凹；雄蕊多数。蔷薇果深红色，密被刺毛。花期 6 月，果期 7~8 月。

产宁夏六盘山及罗山，生于海拔 2200~2400m 的山谷林缘或山顶灌丛中。分布于吉林、内蒙古、河北、山西、河南等省（自治区）。

（3）西北蔷薇 *Rosa davidii* Crép.

灌木。奇数羽状复叶，具小叶 7~9 枚，稀达 11 片；小叶椭圆形，先端圆钝，基部圆形，边缘具尖锐锯齿，基部近三分之一全缘；托叶披针形，先端急尖。伞房花序顶生，具多花，紧密；萼裂片披针形，先端尾状尖，顶端扩展，全缘，背面被腺刺和短柔毛，里面密被短绒毛；花瓣宽倒卵形或近圆形，淡红色。蔷薇果深红色，被腺毛或无毛。花期 7~8 月，果期 8~9 月。

产宁夏六盘山，生于海拔 1500~2600m 阳坡灌丛中。分布于内蒙古、陕西、甘肃、四川等省（自治区）。

（4）山刺玫 *Rosa davurica* Pall.

灌木。奇数羽状复叶，具小叶 7~9 枚；小叶片椭圆形或倒卵状椭圆形，先端急尖或稍钝，基部楔形至近圆形，边缘具不明显的细锐重锯齿；托叶披针形，先端急尖。花单生，萼片线状披针形，先端尾状，稍扩展，背面及边缘被腺毛，腹面密被短绒毛；花瓣紫红色，宽倒卵形，先端微凹；雄蕊多数。蔷薇果卵形或近球形，红色。花期 6~7 月，果期 7~8 月。

产宁夏贺兰山，生于海拔 2200~2400m 的林缘草地或稀疏灌丛中。分布于黑龙江、吉林、辽宁、内蒙古、河北、山西等省（自治区）。

（周繇 拍摄）

（5）黄蔷薇 *Rosa hugonis* Hemsl.

灌木。羽状复叶，具小叶 5~13 枚；小叶片宽倒卵形、倒卵形或长圆形，先端圆钝、截形或微凹，基部楔形或近圆形，上部边缘具细钝锯齿，下部 1/3~1/2 全缘；托叶线状披针形，2/3 以上与叶轴合生，分离部分具腺或全缘。花单生短枝顶端；萼裂片狭三角状披针形或披针形；花瓣 5，鲜黄色，倒圆卵形，先端微凹，基部楔形；雄蕊多数。蔷薇果球形，深红色。花期 6 月，果期 7~8 月。

产宁夏罗山及香山，生向阳山坡林缘或灌丛中。分布于山西、陕西、甘肃、青海、四川等省。

（6）刺梗蔷薇 *Rosa setipoda* Hemsl. et Wils.

灌木。奇数羽状复叶，通常具小叶 7 枚；小叶椭圆形或矩圆形，先端急尖或圆钝，基部近圆形或宽楔形，边缘具尖锐单锯齿或不规则的重锯齿。伞形花序顶生，具 4~8 朵花，苞片卵状披针形，先端长渐尖；萼裂片卵状披针形，先端长尾尖，顶端扩展，边缘具稀疏锯齿，外面被腺刺，里面及边缘密被短绒毛；花瓣宽倒卵形，淡红色；雄蕊多数。蔷薇果红色，长卵形。花期 7 月，果期 8~9 月。

产宁夏六盘山，生于海拔 1800~2600m 山坡灌丛或杂木林缘。分布于湖北、陕西、甘肃、四川等省。

（7）华西蔷薇 *Rosa moyesii* Hemsl. et Wils.

灌木。奇数羽状复叶，具小叶 7~11 枚，小叶片卵形或椭圆形，先端圆钝或急尖，基部圆形至宽楔形，边缘具尖锐单锯齿；托叶披针形，先端尖。花单生或 2~3 朵簇生，萼裂片披针形，先端尾尖，顶端扩展，全缘，外面疏被短柔毛、腺毛及腺刺，里面密被短柔毛；花瓣粉红色，倒卵形，先端微凹；雄蕊多数。蔷薇果卵形，橘红色，具腺刺。花期 6 月，果期 7~9 月。

产宁夏六盘山及南华山，生于海拔 2200~2400m 阴坡灌丛中。分布于河南、甘肃、安徽、湖北、四川、云南、西藏等省（自治区）。

（8）峨眉蔷薇 *Rosa omeiensis* Rolfe

灌木。奇数羽状复叶具小叶 11~15 枚，小叶椭圆形或卵状矩圆形，先端圆钝，基部楔形至近圆形，边缘具细锐锯齿；托叶长圆状倒披针形，先端圆钝或急尖，全缘或具腺齿。花单生短枝顶端；无苞片；萼片 4，三角状披针形，先端长渐尖，两面密被短绒毛；花瓣 4，白色，倒心状圆形；雄蕊多数。蔷薇果鲜红色，果梗膨大。花期 5~6 月，果期 7~8 月。

产宁夏六盘山，生于山坡杂木林中或林缘、灌丛中。分布于云南、四川、湖北、陕西、甘肃、青海、西藏等省（自治区）。

（9）玫瑰 *Rosa rugosa* Thunb.

灌木。奇数羽状复叶，具 7~9 枚小叶；小叶片椭圆形至倒卵状椭圆形，先端急尖或圆钝，基部楔形至近圆形，边缘 1/3 至 1/2 以上具细锐锯齿；托叶倒披针形，先端急尖，边缘具细锯齿。花单生或 3~6 朵簇生；萼裂片卵状披针形，先端尾尖，常扩展；花瓣重瓣，紫红色。蔷薇果扁球形，肉质，红色。花期 6 月。

宁夏常见栽培，作庭院美化树种或用来提取香精。分布于华北。

（10）钝叶蔷薇 *Rosa sertata* Rolfe

灌木。奇数羽状复叶，具小叶 7~11 枚，小叶椭圆形、卵形或卵圆形，先端急尖或圆钝，基部圆形至宽楔形，边缘具锐尖细锯齿；托叶倒披针形，先端急尖。花常单生；花萼裂片披针形，先端尾尖，顶端扩展，全缘或具少数锯齿，外面无毛，里面被短柔毛；花梗无毛，或有稀疏腺毛；花瓣淡红色，倒卵形，先端微凹；雄蕊多数。蔷薇果果卵球形，顶端有短颈，红色，无毛。花期 6 月，果期 7~8 月。

产宁夏六盘山，生于海拔 1600~2200m 的山坡林缘或林下。分布于甘肃、陕西、山西、河南、安徽、江苏、浙江、江西、湖北、四川、云南等省。

（11）扁刺蔷薇 *Rosa sweginzowii* **Koehne**

灌木。奇数羽状复叶，具小叶 7~11 枚；小叶片椭圆形或卵状椭圆形，先端急尖或圆钝，基部圆形至楔形，边缘具重锯齿；托叶倒卵状披针形，先端急尖。花单生或 2~3 朵簇生；萼裂片披针形，先端尾尖，顶端扩展，边缘具锯齿或全缘，外面被腺刺，里面被短绒毛；花瓣玫瑰红色，宽倒卵形，先端微凹；雄蕊多数。蔷薇果红色，具腺刺。花期 6 月，果期 7~8 月。

产宁夏六盘山及罗山，生于海拔 2200~2600m 的山坡灌丛中。分布于云南、四川、湖北、陕西、甘肃、青海、西藏等省（自治区）。

（12）秦岭蔷薇 *Rosa tsinglingensis* **Pax. et Hoffm.**

灌木。奇数羽状复叶，具 9~13 枚小叶；小叶片椭圆形，先端圆钝或急尖，基部圆形至宽楔形，边缘具细锐重锯齿或单锯齿；托叶倒披针形，先端钝圆，边缘密被具腺缘毛，下部 3/4 与叶轴合生。花单生小枝顶端；萼裂片狭卵状披针形，先端扩展，顶端全缘、2 裂或具细齿牙；花瓣 5，白色，宽倒卵形，先端微凹；雄蕊多数。蔷薇果倒卵形，无毛或具刺。花期 7 月，果期 8~9 月。

产宁夏六盘山，生于海拔 2200~2400m 的山坡林缘或山谷灌木丛中。分布于陕西等省。

（刘冰和徐晔春　拍摄）

（13）黄刺玫 *Rosa xanthina* Lindl.

灌木。奇数羽状复叶，具 7~13 枚小叶，小叶片卵形或椭圆形，先端圆钝，基部楔形或近圆形，边缘具细钝锯齿；托叶披针形，全缘或具腺齿，下部 2/3 与叶轴合生。花单生；萼裂片披针形；花瓣多重瓣，宽倒卵形，先端微凹；雄蕊多数。蔷薇果球形，红色。花期 6~7 月。

宁夏固原市及银川市有栽培。

（14）单瓣黄刺玫 *Rosa xanthina* Lindl. f. *normalis* Rehd. et Wils.

本变型与正种的区别在于花为单瓣，花瓣 5。产宁夏六盘山及罗山，生于山坡灌丛中。分布于华北及山东、陕西、甘肃、青海等省。

6. 委陵菜属　*Potentilla* L.

（1）星毛委陵菜 *Potentilla acaulis* L.

多年生草本。茎自基部分枝。掌状三出复叶，倒卵形或长圆状倒卵形。聚伞花序，萼裂片卵形；花瓣黄色，倒卵圆形，先端微凹，基部楔形。瘦果肾形，表面具皱纹。花期 6~7 月，果期 8~9 月。

产宁夏罗山、南华山、月亮山及同心、盐池等县，生于向阳山坡。分布于黑龙江、内蒙古、河北、山西、陕西、甘肃、青海和新疆等省（自治区）。

（2）皱叶委陵菜 *Potentilla ancistrifolia* Bge.

多年生草本。花茎直立。基生叶为羽状复叶，有小叶 2~4 对；小叶片无柄或有时顶生小叶有短柄，亚革质，椭圆形、长椭圆形或椭圆卵形，顶端急尖或圆钝，基部楔形或宽楔形，边缘有急尖锯齿，齿常粗大，三角状卵形，上面绿色或暗绿色，通常有明显皱褶，茎生叶 2~3，有小叶 1~3 对；基生叶托叶膜质，褐色；茎生叶托叶草质，绿色，卵状披针形或披针形，边缘有 1~3 齿稀全缘。伞房状聚伞花序顶生；萼片三角卵形，顶端尾尖，副萼片狭披针形，顶端锐尖，与萼片近等长，外面常带紫色；花瓣黄色，倒卵长圆形，顶端圆形。瘦果。花果期 5~9 月。

产宁夏六盘山，生于山坡草地、岩石缝中、多砂砾地及灌木林下。分布于黑龙江、吉林、辽宁、河北、山西、陕西、甘肃、河南、湖北和四川等省。

（3）鹅绒委陵菜 Potentilla anserina L.

多年生草本。匍匐茎细长，节上生根。奇数羽状复叶，基生叶具小叶 9~19 片，小叶片卵状矩圆形或椭圆形，先端圆钝，基部宽楔形，边缘具缺刻状深锯齿，下面密生白色绒毛；托叶卵形。花单生于基生叶丛中或匍匐茎的叶腋；副萼片狭椭圆形，全缘或具浅锯齿；萼片卵形，全缘，稍长于副萼；花瓣黄色，宽倒卵形，全缘。瘦果卵圆形。花期 5~7 月。

宁夏全区普遍分布，多生于沟渠旁、田边及低山草地。分布于黑龙江、吉林、辽宁、内蒙古、河北、山西、陕西、甘肃、青海、新疆、四川、云南和西藏。

（4）二裂委陵菜 Potentilla bifurca L.

多年生草本。茎多平铺，自基部多分枝。羽状复叶，基生叶具小叶 9~13 片，小叶对生，椭圆形或倒卵状矩圆形，先端常 2 裂或圆钝全缘；茎生叶通常具小叶 3~7，叶柄短或无；托叶卵状披针形，全缘。聚伞花序顶生，具花 3~5 朵；花黄色；副萼片狭长椭圆形；萼裂片长圆状卵形，较副萼稍长；花瓣宽倒卵形。瘦果。花期 5~6 月，果期 7~8 月。

产宁夏贺兰山、罗山、六盘山及盐池、灵武、吴忠、固原等市（县），多生于山坡、草地、田野、路旁。分布于黑龙江、内蒙古、河北、山西、陕西、甘肃、青海、新疆、四川等省（自治区）。

（5）委陵菜 *Potentilla chinensis* Ser.

多年生草本。奇数羽状复叶，基生叶多数，丛生；具小叶 9~25 片；小叶无柄，长椭圆形或长椭圆状披针形，边缘羽状深裂，裂片三角状披针形，先端尖，边缘稍反卷；顶生小叶片较大，向下渐次变小；托叶线状披针形。聚伞花序顶生，具多数花；副萼片线形；萼裂片卵状披针形或狭卵形；花瓣黄色，宽倒卵形或近圆形，先端微凹，基部具短爪。瘦果卵形。花果期 6~8 月。

产宁夏六盘山及固原市原州区、隆德、盐池等市（县），生于山坡、沟边、林缘、灌丛或疏林下。分布于东北、华北、西北、西南等。

（6）大萼委陵菜 *Potentilla conferta* Bge.

多年生草本。茎直立或斜升。奇数羽状复叶，小叶 7~13 片，长圆形至披针形，边缘羽状中裂或深裂，裂片长圆形至长椭圆形，先端圆钝。聚伞花序顶生，萼片宽三角状卵形，与副萼等长或稍长；花瓣倒卵形，顶端圆或微凹，黄色。瘦果卵形。花果期 6~9 月。

产宁夏贺兰山，生于海拔 1900~2900m 山坡草地、灌丛和草甸。分布于黑龙江、内蒙古、河北、山西、甘肃、新疆、四川、云南和西藏等省（自治区）。

（7）狼牙委陵菜 Potentilla cryptotaeniae Maxim.

一年生或二年生草本。茎单生，少分枝，直立或斜升。三出复叶，小叶片长椭圆状披针形，先端渐尖，基部楔形，边缘具钝锯齿；托叶披针形。伞房状聚伞花序；花黄色，花瓣倒卵形，与萼片近等长或稍短。瘦果扁卵形。花果期 7~8 月。

产六盘山，生于海拔 2040m 左右的山坡草地。分布于东北及陕西、湖北等省。

（周繇 拍摄）

（8）匍枝委陵菜 Potentilla flagellaris Willd. ex Schlecht.

多年生草本。茎匍匐。掌状复叶，小叶 5 片，稀 3 片，菱状倒卵形，基部狭楔形，边缘具不规则的缺刻状锯齿或浅裂；托叶长卵形或披针形，全缘或不等 2 裂。花单生叶腋；花黄色；副萼片长椭圆形；萼片狭卵形，与副萼等长或稍长；花瓣倒卵形或三角状倒卵形，先端凹，基部具短爪。瘦果椭圆形。花期 6~7 月，果期 7~8 月。

产宁夏六盘山和南华山，生林缘、路旁或阴湿草地。分布于黑龙江、吉林、辽宁、河北、山西、甘肃和山东等省。

（9）莓叶委陵菜 *Potentilla fragarioides* L.

多年生草本。茎常丛生，近直立或倾斜。奇数羽状复叶，基生叶具长柄，具小叶 5~9 片，顶端 3 小叶大，下部小叶小，椭圆状卵形或菱形，先端急尖，基部楔形，边缘具尖锐牙齿；托叶卵形。伞房聚伞花序具多花；花黄色；副萼片披针形，全缘；萼裂片宽卵形，与副萼片几等长；花瓣倒卵形。瘦果卵形。花期 4~5 月，果期 6~7 月。

产宁夏六盘山和固原，生于山坡、草地或林下。分布于东北、华北及山东、河南、陕西、甘肃、湖北、江苏、浙江、贵州、云南等省。

（10）金露梅 *Potentilla fruticosa* L.

小灌木。奇数羽状复叶，通常具 5 片小叶，小叶无柄，小叶片倒卵形、倒卵状椭圆形或椭圆形；托叶卵状披针形。花单生叶腋或成伞房花序；花黄色；副萼片线状披针形；萼片三角状长卵形，与副萼片近等长；花瓣宽倒卵形至近圆形，长出萼片 1 倍。瘦果卵圆形。花期 6~8 月，果期 8~10 月。

产宁夏贺兰山、罗山及南华山，生于海拔 2200~2500m 向阳山坡、灌丛、路旁及石崖上。分布于东北、华北、西北及西南。

（11）银露梅 *Potentilla glabra* Lodd.

小灌木。奇数羽状复叶，连叶柄，具 5 片小叶，小叶椭圆形或倒卵状长圆形；托叶膜质，卵状披针形，先端渐尖。花单生叶腋或成伞房花序；花白色；副萼片倒卵状披针形；萼片长卵形或三角状长卵形，先端渐尖；花瓣宽倒卵形或近圆形。花期 5~7 月，果期 7~9 月。

产宁夏贺兰山、六盘山、罗山及南华山，多生于海拔 2500~2900m 山地灌丛、路边。分布于华北及陕西、甘肃、湖北、四川等省。

（12）华西银露梅 *Potentilla glabra* var. *mandshurica* (Maxim.) Hand. -Mazz.

本变种与正种的主要区别是小叶片上面疏被绢状柔毛，下面密生绢状毛或绒毛。产宁夏固原市及南华山。生于山坡草地、灌丛、林缘。分布于华北及陕西、青海、湖北、四川、云南等省。

（13）蛇莓 *Potentilla indica* (Andr.) Wolf

多年生草本。掌状三出复叶，基生叶具长柄，茎生叶具短柄；小叶菱状卵形或倒卵形，先端圆钝，基部楔形或斜楔形，边缘具粗钝锯齿，近基部全缘；托叶卵状披针形。花单生叶腋；副萼片倒卵形，先端 3~5 齿裂；萼片狭卵形，稍短于副萼片，先端急尖，全缘；花瓣黄色，倒卵形，先端微凹，与副萼近等长。瘦果。花期 5 月，果期 6~7 月。

产宁夏六盘山及罗山，生于海拔 2000m 左右的潮湿的山坡草地或山谷溪水旁。除黑龙江、吉林、内蒙古等省（自治区）外，全国各地均有分布。

（14）腺毛委陵菜 *Potentilla longifolia* Willd. ex Schlecht.

多年生草本。茎直立或稍斜升。奇数羽状复叶，具 11~17 片小叶，小叶无柄，长圆状披针形，先端尖，基部楔形，顶生小叶 3 深裂至全裂，边缘具粗锐锯齿；托叶卵状披针形。伞房状聚伞花序；花黄色；副萼片狭卵形，与萼片近等长；萼裂片卵状披针形；花瓣宽倒卵形，先端微凹。瘦果白色。花期 7~8 月，果期 8~9 月。

产宁夏六盘山，生于山坡草地、高山灌丛、林缘。分布于东北、华北及西北。

（刘冰 拍摄）

（15）多茎委陵菜 *Potentilla multicaulis* Bge.

多年生草本。基生叶多数，丛生，羽状复叶，具小叶 9~13 片，小叶无柄，长椭圆形，边缘羽状深裂，裂片 5~13，长椭圆形或线形，先端钝，边缘稍反卷；茎生叶有小叶 3~9 片。聚伞花序，花黄色；副萼片长卵形；萼裂片卵状三角形；花瓣宽倒卵形或近圆形，先端微凹。瘦果褐色。花期 5~6 月。

产宁夏贺兰山、罗山、六盘山及固原市，生于向阳山坡、草地或路边。分布于华北、西北及河南、四川等地。

（16）多裂委陵菜 *Potentilla multifida* L.

多年生草本。茎斜升。基生叶羽状复叶，具 3~5 对小叶片，小叶片长椭圆形或宽卵形，羽状深裂几达中脉，裂片线形或线状披针形，边缘常反卷；茎生叶 2~3，与基生叶相似；托叶卵形或卵状披针形，2 裂或全缘。伞房状聚伞花序；副萼片披针形或椭圆状披针形。萼片三角状卵形，比副萼片稍长或等长；花瓣倒卵形，黄色，顶端微凹。瘦果平滑或具皱纹。花期 5~8 月。

产宁夏贺兰山及石嘴山等市（县），生于林下和山坡、沟谷草地。分布于辽宁、吉林、黑龙江、内蒙古、河北、陕西、甘肃、青海、四川、新疆等省（自治区）。

（17）掌叶多裂委陵菜 *Potentilla multifida* L.var. ornithopoda Wolf

本变种与正种的区别在于叶成掌状复叶，小叶 5 片，羽状深裂几达中脉。

产宁夏贺兰山、罗山和六盘山，生于山坡草地、灌丛或林缘。分布于黑龙江、内蒙古、河北、山西、陕西、甘肃、青海、新疆、西藏等省（自治区）。

（18）雪白委陵菜 *Potentilla nivea* L.

多年生草本。掌状三出复叶，小叶椭圆形或卵形，先端圆钝，基部宽楔形，边缘具圆钝锯齿。聚伞花序顶生；花黄色；副萼片披针形，萼片三角状卵形；花瓣宽倒卵形，先端微凹。花期 7~8 月，果期 8~9 月。

产宁夏贺兰山，生于海拔 2800~3500m 高山草甸和灌丛。分布于吉林、内蒙古、山西、新疆等省（自治区）。

（19）小叶金露梅 *Potentilla parvifolia* Fisch.

小灌木。奇数羽状复叶，小叶倒披针形、倒卵状披针形至长椭圆形，先端尖，基部楔形，全缘。花单生或成伞房花序；花黄色；副萼片线状披针形，先端尖，萼片卵形，黄绿色，先端锐尖；花瓣宽倒卵形。花期 6~7 月，果期 8~10 月。

产宁夏贺兰山及南华山，生于海拔 1500~2900m 干旱山坡。分布于黑龙江、内蒙古、甘肃、青海、四川和西藏等省（自治区）。

（20）华西委陵菜 *Potentilla potaninii* Wolf

多年生草本。茎直立或基部斜倚。奇数羽状复叶，基生叶与茎下部叶具小叶均 5 片，小叶椭圆形或倒卵状椭圆形，先端圆，基部楔形，边缘具缺刻状锯齿或羽状浅裂；托叶披针形；茎生叶具小叶 3~5，近掌状；托叶卵状披针形，全缘或具 1~3 个锯齿。聚伞花序顶生，花梗被毛；副萼片倒卵状椭圆形或长椭圆形；萼片卵形；花瓣黄色，宽倒卵形，先端微凹；瘦果。

产宁夏六盘山，生于向阳林下、山坡草地或林缘。分布于甘肃、青海、四川、云南、西藏等省（自治区）。

（21）匍匐委陵菜 *Potentilla reptans* L.

多年生草本。茎丛生，匍匐。基生叶掌状三出复叶，小叶椭圆形或倒卵形，边缘具钝锯齿，近基部 1/3 全缘；托叶卵状披针形。花单生叶腋；花黄色；副萼片线状椭圆形，先端尖；萼片卵状披针形，与副萼近等长，先端渐尖；花瓣宽倒卵形，先端微凹。瘦果褐色，具小突起。花期 5~6 月。

产宁夏六盘山、罗山及隆德等县，多生于林缘草地、田边、路旁。分布于河北、河南、山西、甘肃等省。

（22）绢毛匍匐委陵菜 *Potentilla reptans* L. var. *sericophylla* Frach.

本变种与正种的主要区别在于须根常膨大成纺锤状块根；叶被长伏毛，侧生小叶常不等2裂。产地与生境同正种。

（23）钉柱委陵菜 *Potentilla saundersiana* Royle

多年生草本。茎直立或弧形。基生叶为掌状复叶，通常五出，小叶片矩圆状倒卵形，无柄，基部楔形，边缘具锯齿或近浅裂；托叶褐色，宽披针形。聚伞花序顶生，花黄色；副萼片披针形；萼片三角状卵形，与副萼等长；花瓣宽倒卵形，先端圆钝或微凹。瘦果卵形。花期6~7月，果期7~8月。

产宁夏六盘山，多生于山坡草地。分布于山西、陕西、甘肃、新疆、青海、四川、云南、西藏等省（自治区）。

（24）等齿委陵菜 *Potentilla simulatrix* Wolf.

多年生草本。茎匍匐。基生叶为掌状 3 出复叶；小叶近无柄或具极短柄，椭圆形或菱状椭圆形，先端钝，基部楔形，侧生小叶基部偏楔形，叶缘具圆钝粗齿，近基部全缘；托叶狭披针形。花单生叶腋；花黄色；副萼片线状披针形，被柔毛；萼片卵状三角形，与副萼近等长；花瓣宽倒卵形，先端微凹。瘦果褐色。花期 6~7 月，果期 8~9 月。

产宁夏六盘山、生于海拔 2200m 左右的山坡林缘或路边。分布于东北、华北及甘肃、四川等地。

（25）西山委陵菜 *Potentilla sischanensis* Bge. ex Lehm.

多年生草本。茎多数丛生。奇数羽状复叶，具小叶 7~13 片，小叶无柄，长椭圆形、椭圆形或宽卵形，具 3~13 个羽状深裂片，裂片椭圆形或三角状卵形，先端钝，全缘，背面密被毡毛；茎生叶具小叶 3~5 片；托叶椭圆形。聚伞花序，花排列稀疏；副萼片长椭圆形；萼片宽卵形，稍长于副萼片；花瓣黄色，宽倒卵形，先端微凹。瘦果红褐色，无毛。花期 5~6 月。

产宁夏贺兰山及固原市，生于向阳山坡、黄土丘陵、草地及灌丛中。分布于内蒙古、河北、山西、陕西、甘肃、青海等省（自治区）。

（26）朝天委陵菜 *Potentilla supina* L.

一年生草本。茎平卧或斜升，多分枝。奇数羽状复叶，基生叶具小叶 5~11 片，小叶倒卵形或矩圆形，先端圆钝，基部楔形，边缘具缺刻状锯齿；托叶长卵形，常 3 浅裂。花单生叶腋，黄色；副萼片椭圆状披针形；萼片三角状宽卵形；花瓣倒卵形，先端微凹，稍短于萼片。瘦果卵形。花果期 6~8 月。

宁夏全区普遍分布，生于山坡、路边、田边及村庄附近。分布于东北、华北、西北及山东、江苏、四川、云南等地。

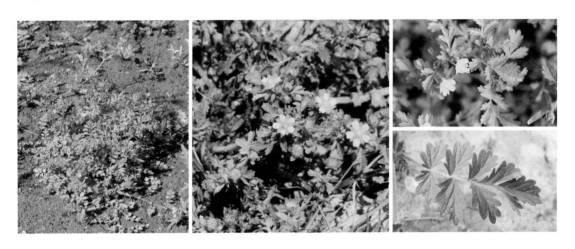

（27）菊叶委陵菜 *Potentilla tanacetifolia* Willd. ex Schlecht.

多年生草本。茎直立或开展。奇数羽状复叶，具小叶 7~13 片，倒卵状矩圆形，先端钝，基部楔形，边缘具锐锯齿，顶生小叶片较大，向下渐次变小；茎生叶通常具小叶 5~7。伞房状聚伞花序具多花；花黄色；副萼片线状披针形；萼裂片三角状卵形，与副萼近等长；花瓣宽倒卵形或近圆形，先端微凹。瘦果矩圆状卵形。花期 6~8 月，果期 8~9 月。

产宁夏六盘山及南华山，生于向阳山坡草地或草原。分布于黑龙江、吉林，辽宁、内蒙古、河北、山西、陕西、甘肃、山东等省（自治区）。

7. 草莓属 *Fragaria* L.

东方草莓 *Fragaria orientalis* Losinsk.

多年生草本，具匍匐茎。基生叶掌状三出复叶；小叶片卵形或菱状卵形，先端圆钝，基部楔形，侧生小叶基部偏斜，边缘具粗锯齿；托叶披针形。伞房花序顶生，具花 3~5 朵；副萼片线状披针形；萼片卵状披针形；花瓣白色，近圆形。聚合果近球形，红色。花期 5~6 月，果期 6~7 月。

产宁夏固原地区和罗山，多生于草地、林缘、路边、田边。分布于黑龙江、吉林、辽宁、内蒙古、河北、山西、陕西、甘肃和青海等省（自治区）。

8. 地蔷薇属 *Chamaerhodos* Bge.

（1）地蔷薇 *Chamaerhodos erecta* (L.) Bge.

一年生或二年生草本。茎直立，单一或分枝。基生叶具柄，叶片三出羽状分裂，裂片线形；托叶三出羽状分裂，与叶柄连合。聚伞花序顶生，花小；萼筒钟形，萼片 5，长三角状卵形，与萼筒近等长；花瓣白色，倒卵状匙形，长于花萼，先端微凹。瘦果卵形。花果期 7~8 月。

产宁夏贺兰山、罗山及南华山，生干旱山坡、丘陵或干旱砂石质河滩。分布于东北、华北、西北及河南等地。

（2）灰毛地蔷薇 Chamaerhodos canescens J. Krause

多年生草本；茎多数，丛生，基部密生短腺毛及疏生长柔毛。基生叶密集，有腺毛及灰色长刚毛，二回三裂，一回裂片三深裂，二回裂片全缘或深缺刻状二至三裂；茎生叶似基生叶；托叶和茎生叶侧裂片相似，条形，全缘，有长刚毛。花成复聚伞花序，多花，排列紧密；总花梗及花梗有具腺柔毛；萼筒宽钟形，花瓣倒卵形，粉红色或白色，先端微缺，基部具短爪，无毛；心皮4~6，离生，花柱丝状，子房无毛。瘦果长圆卵形，黑褐色，无毛，先端渐尖具尖头。花期6~8月，果期8~10月。

产宁夏西吉县火石寨，生于山坡岩石间。分布于河北、黑龙江、吉林、辽宁、内蒙古和山西等省（自治区）。

9. 山莓草属　Sibbaldia L.

伏毛山莓草 Sibbaldia adpressa Bge.

多年生草本。奇数羽状复叶，具5片小叶，顶端3片小叶基部下延与叶轴合生或呈3深裂状，顶生小叶大，倒卵状矩圆形，先端具3齿牙，基部楔形，全缘；侧生小叶片较小，长椭圆形或披针形，先端尖，基部渐狭；托叶披针形；茎生叶具3~5片小叶。花单生叶腋或成具少数花的聚伞花序；副萼狭长椭圆形或披针形；萼片卵形，与副萼等长或稍长；花瓣宽倒卵形，先端圆，基部具爪，白色；雄蕊8个。瘦果卵形，无毛。花果期5~7月。

产宁夏贺兰山、罗山及彭阳、中卫、海原、盐池、同心等县，生于海拔2300m左右的向阳干旱山坡草地。分布于黑龙江、内蒙古、河北、甘肃、青海、新疆和西藏等省（自治区）。

10. 沼委陵菜属　*Comarum* L.

西北沼委陵菜 *Comarum salesovianum* (Steph.) Asch. et Gr.

半灌木。茎直立。奇数羽状复叶，具5~11片小叶，小叶长椭圆形或椭圆状倒披针形，先端钝或尖，基部近圆形，偏斜，边缘具裂片状粗锯齿，近基部全缘；托叶三角状披针形。聚伞花序顶生；副萼片披针形，全缘或2裂，萼片狭卵形或三角状狭卵形，先端长渐尖；花瓣菱状卵形，先端钝或尖。瘦果长圆状卵形。花期5~6月，果期7~8月。

产宁夏贺兰山，生于海拔2100~2300m河谷干燥地和石质山坡。分布于内蒙古、甘肃、青海、新疆、西藏等省（自治区）。

11. 羽衣草属　*Alchemilla* L.

羽衣草 *Alchemilla japonica* Nakai et Hara

多年生草本；茎单生或丛生，直立或斜展，密被白色长柔毛。茎生叶有长叶柄，叶片心状圆形，基部深心形，顶端有7~9浅裂片，边缘有细锯齿；托叶膜质，棕褐色；茎生叶小形，叶柄短或近于无柄。伞房状聚伞花序较紧密；花黄绿色；萼片三角卵形，较副萼片稍长而宽。瘦果卵形。

产宁夏六盘山，生于海拔 2500m 高山草甸上。分布于内蒙古、陕西、甘肃、青海、新疆、四川等省（自治区）。

12. 风箱果属　*Physocarpus* (Cambess.) Maxim.

（1）紫叶风箱果 *Physocarpus opulifolius* (L.) Maxim. 'Summer Wine'

落叶灌木。枝紫色。单叶互生，掌状浅裂，先端尖，基部广楔形，叶缘有重锯齿，叶片生长期紫红色。顶生总状伞房花序，花白色，萼筒杯状，萼片三角形，花瓣倒卵形，雄蕊20~30，长于花瓣，花药紫色。蓇葖果。花期 5 月，果期 8 月。

宁夏银川及彭阳县有栽培。原产于北美。

（2）金叶风箱果 *Physocarpus opulifolius* **(L.)Maxim. Lutein**

落叶灌木，单叶互生，叶三角状卵形至广卵形，3~5 浅裂，具重锯齿，春季叶片金黄色；顶生总状伞房花序，花多而密，花白色，萼筒杯状，萼片三角形，花瓣倒卵形，雄蕊 20~30，长于花瓣。蓇葖果，成熟后褐色。花期 5 月，果期 9~10 月。

宁夏银川有栽培。原产于北美。

13. 绣线梅属　*Neillia* D. Don

中华绣线梅 *Neillia sinensis* **Oliv.**

灌木。叶片卵形或狭卵形，先端长渐尖或尾尖，基部截形或微心形，边缘具不规则的浅裂，裂片边缘具重锯齿；托叶长椭圆形，全缘。总状花序顶生，具花 7~15 朵；萼筒状，萼裂片直立或斜升，三角状长卵形，先端长渐尖；花瓣倒卵形，先端钝圆，粉红色；雄蕊 20。蓇葖果长椭圆形，宿存萼筒被长腺毛。花期 6~8 月，果期 8~9 月。

产宁夏六盘山，多生于山坡灌丛或沟边杂木林中。分布于河南、陕西、甘肃、湖北、湖南、江西、广东、广西、四川、贵州等省（自治区）。

14. 扁核木属　*Prinsepia* Royle.

蕤核（马茹子）*Prinsepia uniflora* Batal.

灌木。具腋生刺。单叶互生，在短枝上常簇生，叶片线状矩圆形或狭披针形，先端近圆形，具短刺尖，基部渐狭成短柄，全缘或具浅细锯齿，表面暗绿色，背面灰绿色，无毛。花单生或 2~3 朵簇生；花萼杯状，萼裂片宽三角状卵圆形，先端圆钝；花瓣宽倒卵形，白色；雄蕊 10；子房椭圆形，花柱侧生。核果近球形，暗紫色。花期 6 月，果期 8 月。

产宁夏六盘山及同心、固原等市（县），生于向阳山坡或稀疏灌木丛中。分布于山西、河南、内蒙古、陕西、甘肃等省（自治区）。

15. 棣棠属　*Kerria* DC.

棣棠花 *Kerria japonica* (L.) DC.

落叶灌木。叶互生，三角状卵形或卵圆形，顶端长渐尖，基部圆形、截形或微心形，边缘有尖锐重锯齿，两面绿色；托叶膜质，带状披针形，有缘毛，早落。单花，着生在当年生侧枝顶端；萼片卵状椭圆形，顶端急尖，有小尖头，全缘，无毛，宿存；花瓣黄色，宽椭圆形，顶端下凹，比萼片长 1~4 倍。瘦果。花期 4~6 月，果期 6~8 月。

产宁夏六盘山，生于山坡灌丛中。分布于甘肃、陕西、山东、河南、湖北、江苏、安徽、浙江、福建、江西、湖南、四川、贵州和云南等省（自治区）。

16. 桃属　*Amygdalus* L.

（1）山桃　*Amygdalus davidiana* (Carrière) de Vos ex Henry

灌木或小乔木。叶卵状披针形或披针形，先端长渐尖，基部宽楔形，边缘具细锐单锯齿；花单生，花梗短；花萼钟形，萼裂片卵形或长圆状卵形；花瓣粉红色或白色，倒卵形；雄蕊多数，与花瓣近等长或稍短。果实椭圆形，密被短柔毛。花期 4 月，果期 7~8 月。

产宁夏六盘山、南华山，生于向阳干旱山坡或山谷沟底。分布于山东、河北、河南、山西、陕西、甘肃、四川、云南等省。

（2）扁桃（巴旦杏）　*Amygdalus communis* L.

乔木或灌木。叶片披针形或椭圆状披针形，先端急尖至短渐尖，基部宽楔形至圆形，边缘具钝锯齿。花单生，先叶开放；萼筒圆筒形；萼裂片圆钝；花瓣白色或粉红色，长圆形，先端圆钝或微凹，基部渐狭成爪。果实斜卵形或长圆卵形。花期 4 月，果期 7~8 月。

宁夏固原市及银川有栽培。在甘肃、新疆、山东和山西等省（自治区）有栽培。

（3）蒙古扁桃 *Amygdalus mongolica* (Maxim.) Ricker

灌木。多分枝，顶端成刺。叶近圆形、宽倒卵形、宽卵形或椭圆形，先端圆钝或急尖，基部宽楔形至圆形，边缘具细圆钝锯齿。花单生于短枝上；花萼宽钟形，萼裂片椭圆形；花瓣淡红色，倒卵形或椭圆形，先端圆，基部具短爪；雄蕊多数。果实扁卵形，先端尖，密被粗柔毛。花期5月，果期6~7月。

产宁夏贺兰山、罗山、南华山、西华山、中卫香山，生于干旱石质山坡、干河床。分布于甘肃、内蒙古等省（自治区）。

（4）长柄扁桃 *Amygdaus pedunculata* Pall.

灌木。叶片椭圆形、近圆形或倒卵形，先端急尖或圆钝，基部宽楔形，边缘具不整齐的粗锯齿。花单生，先叶开放；萼筒宽钟形，萼裂片三角状卵形，先端钝，边缘生锯齿；花瓣粉红色，近圆形；雄蕊多数；子房密被短柔毛。果实近球形或卵球形。花期4~5月，果期8~9月。

产宁夏西华山、南华山及固原市，生于向阳石质山坡或沟谷边。分布于内蒙古自治区。

（5）桃 *Amygdalus persica* L.

乔木。叶卵状披针形或椭圆状披针形，先端长渐尖，基部宽楔形，边缘具细锯齿；托叶线形，边缘具腺。花单生；花萼钟形，萼片卵形或卵状长圆形，先端圆钝；花瓣倒卵形或近圆形，淡红色；雄蕊多数。果实肉厚，密被短毛。花期4月，果期7~9月。

宁夏普遍栽培。我国普遍有栽培。

（6）西康扁桃 *Amygdalus tangutica* (Batal.) Korsh.

小灌木；枝条开展，有刺；叶片长椭圆形、长圆形或倒卵状披针形，先端圆钝至急尖，有小尖头，基部楔形，叶边有圆钝细锯齿，侧脉5~8对。花单生；花无梗或近无梗；花萼无毛，萼片长椭圆形，有不明显的细锯齿；花瓣倒卵形；雄蕊约30，分两轮。果实近球形或卵球形，紫红色。花期4~5月，果期6~7月。

银川植物园有栽培。分布于甘肃和四川省。

（7）榆叶梅 *Amygdalus triloba* (Lindl.) Ricker

灌木。叶片倒卵形或宽椭圆形，先端短渐尖，常 3 浅裂，基部宽楔形，边缘具粗锯齿或重锯齿。花 1~2 朵生于短枝上；萼筒宽钟形，萼裂片卵形或卵状披针形；花瓣粉红色，近圆形或宽倒卵形，先端圆钝；雄蕊 25~30，较花瓣短。果实近球形，红色。花期 4 月，果期 5~7 月。

宁夏各地公园及庭院中有栽培。

17. 李属　*Prunus* L.

（1）毛叶欧李 *Prunus dictyoneura* Diels

灌木。叶倒卵状椭圆形，先端长渐尖，有时急尖，基部圆形至楔形，边缘具细钝锯齿或浅的重锯齿；萼筒钟形，萼裂片近卵形，先端急尖，稍短于萼筒或近等长；花瓣粉红色，宽倒卵形；雄蕊多数。果实球形，红色。花期 5 月，果期 7~8 月。

产宁夏六盘山，生于海拔 2100~2300m 生于山坡阳处灌丛中。分布于山西、河北、河南、陕西、甘肃等省。

（2）臭樱 *Prunus hypoleuca* (Koehne) J. Wen

小乔木或灌木。叶片卵状长圆形、长圆形或椭圆形，先端长渐尖或长尾尖，基部近心形或圆形，叶边有不整齐单锯齿或有时混有重锯齿，两面无毛，上中脉和侧脉均突起，侧脉14~18对；托叶披针形，先端长渐尖，边缘上半部全缘，基部有带腺锯齿，向外反折，宿存。总状花序密集，多花，生于侧枝顶端；苞片三角状披针形；萼筒钟状；萼片小，10裂，三角状卵形，全缘；两性花；雄蕊23~30，着生在萼筒边缘；雌蕊1，心皮无毛，花柱与雄蕊近等长。核果卵球形，顶端急尖，黑色，光滑。

产宁夏六盘山，生于海拔1200~1800m山谷林缘或灌木丛中。分布于重庆、甘肃、河南、湖北、湖南和陕西等省（直辖市）。

（3）稠李 *Prunus padus* L. subsp. *padus* L.

乔木。叶倒卵形或倒卵状椭圆形，先端突尖，基部楔形或圆形，边缘具细锐锯齿或重锯齿。总状花序，基部具叶3~5片，具花10~20朵，排列疏松；花萼宽钟形，萼裂卵状三角形，先端圆钝，边缘具细齿；花瓣白色，椭圆形或倒卵状椭圆形；雄蕊多数，长为花瓣的一半。果实近球形，无毛。花期6月，果期7~8月。

产宁夏六盘山，生于海拔2000~2400m的山坡杂木林中。分布于东北、华北、西北。

（4）李 *Prunus salicina* Lindley

乔木。叶倒卵状椭圆形至倒卵状披针形，先端渐尖，基部楔形，边缘具细锐浅锯齿。花 2~3 朵簇生；花萼钟形，萼裂片卵状三角形，较萼筒稍长；花瓣倒卵形或椭圆形，白色；雄蕊多数，与花瓣近等长或稍短。核果近球形。花期 4~5 月，果期 4~8 月。

宁夏有栽培，六盘山有野生，生于海拔 2200~2400m 的石质河滩地、灌丛或山坡林缘。全国各地均有栽培。

（5）刺毛樱桃 *Prunus setulosa* Batalin

灌木。叶倒卵形或倒卵状椭圆形，先端尾状渐尖，基部圆形，稀宽楔形，边缘具不规则的重锯齿；托叶叶状，卵形，边缘具腺齿。伞形花序具 2~3 朵花，总花梗具 2~3 片叶状苞片，苞片边缘具重锯齿，齿端具腺体；花萼管状，萼裂片卵状披针形；花瓣倒卵形或近圆形，粉红色；雄蕊多数，与萼裂片近等长。果实卵状椭圆形，红色。花期 5 月，果期 6~7 月。

产宁夏六盘山及南华山，生于海拔 2000~2200m 的河谷林缘或山坡杂木林中。分布于陕西、甘肃、四川、贵州等省。

（6）山杏（西伯利亚杏）*Prunus sibirica* L.

小乔木或灌木。叶宽卵形或近圆形，先端尾状长渐尖，基部圆形或宽楔形，边缘具细钝锯齿。花单生，近无梗；花萼钟形，萼裂片椭圆形，先端钝；花瓣白色或粉红色，宽倒卵形或近圆形；雄蕊多数，较花瓣短。核果扁球形，被短柔毛，果肉薄，成熟时开裂。花期5月，果期7~8月。

产宁夏六盘山、贺兰山、罗山，常生于海拔2400m左右的山坡灌丛中。分布于黑龙江、吉林、辽宁、内蒙古、甘肃、河北和山西等省（自治区）。

（7）盘腺樱桃（四川樱桃）*Prunus szechuanica* Batalin

灌木或小乔木。叶倒卵状矩圆形或狭倒卵形，先端尾状渐尖，基部圆形，稀微心形，边缘具细锐单锯齿和重锯齿；托叶三角状卵形，边缘具锯齿。短总状花序具3~9朵花；花萼钟状，萼裂片三角形，与萼筒近等长或稍长；花瓣白色，近圆形；雄蕊多数，与花瓣等长或稍长。果实卵形或椭圆形。花期4~5月，果期6~7月。

产宁夏六盘山，生于海拔2100~2300m的山坡杂木林中。分布于陕西、甘肃、湖北、四川等省。

（8）**毛樱桃** *Prunus tomentosa* C. P. Thunb. ex A. Murray

灌木。叶倒卵形至倒卵状椭圆形，先端尾状突尖或急尖，基部宽楔形至近圆形，边缘具不规则的单锯齿或重锯齿；托叶线形，具裂片。花单生或 2 朵簇生叶腋；花萼筒形，外面无毛，萼裂片三角状卵形；花瓣狭倒卵形，白色或带淡红色；雄蕊多数。果实椭圆形，红色。花期 5 月，果期 6~8 月。

产宁夏贺兰山及六盘山，生于海拔 2200m 的山谷灌丛中。分布于东北、华北及山东、陕西、甘肃、青海、四川、云南、西藏等省（自治区）。

18. 珍珠梅属 *Sorbaria*（Ser.）A. Br. ex Aschers.

（1）**华北珍珠梅** *Sorbaria kirilowii* (Regel) Maxim.

灌木。奇数羽状复叶，具小叶 13~21 枚；小叶片披针形至椭圆状披针形，先端长渐尖，或尾尖，基部圆形至宽楔形，边缘具尖锐重锯齿；托叶线状披针形，先端尖，全缘。大型圆锥花序顶生；萼筒杯状，萼裂片近半圆形，先端圆钝，微波状或全缘，与萼筒近等长；花瓣近圆形，径白色；雄蕊 20~25。蓇葖果长圆柱形。花期 7 月，果期 8~9 月。

产宁夏六盘山和罗山，生于海拔 1500~2200m 的山坡阳处灌丛、杂木林中。分布于河北、河南、山东、山西、内蒙古、陕西、甘肃等省（自治区）。

（2）光叶高丛珍珠梅 *Sorbaria arborea* Schneid. var. *glabrata* Rehd.

落叶灌木；羽状复叶，小叶 9~17 片，卵状椭圆形至卵状披针形，先端渐尖或尾尖，基部圆形，边缘具不规则的重锯齿。圆锥花序顶生；萼筒浅钟状，裂片卵形或长圆形；花瓣近圆形，先端圆形；长雄蕊长于花瓣；心皮 5，无毛。蓇葖果圆柱形。花期 6~9 月，果 9~10 月。

产宁夏六盘山，生于海拔 1900m 左右的山坡林缘，山溪沟边。分布于陕西、甘肃、新疆、湖北、江西、四川、云南、贵州、西藏等省（自治区）。

19. 假升麻属 *Aruncus* Adans.

假升麻 *Aruncus sylvester* Kostel.

多年生草本。茎圆柱形，直立。叶通常为 2 回羽状复叶；小叶片质薄，菱状卵形、卵状披针形或长椭圆形，先端渐尖至尾尖，基部圆形、楔形、偏楔形或截形，边缘具不规则的重锯齿。圆锥花序顶生和腋生；花单性，雌雄异株；萼裂片卵状三角形，先端急尖，全缘；花瓣椭圆形或倒卵形，雄花雄蕊着生于萼筒边缘；花盘边缘具 10 圆齿；雌花心皮 3，稀 4 或 5，离生，花柱顶生。蓇葖果直立，悬垂，无毛。花期 7 月，果期 8~9 月。

产宁夏六盘山和贺兰山，生于海拔 1800~2200m 的山坡林下或山谷林缘。分布于东北及河南、安徽、湖南、江西、浙江、广西、陕西、甘肃、四川、云南、西藏等省（自治区）。

20. 绣线菊属 *Spiraea* L.

（1）高山绣线菊 *Spiraea alpina* Pall.

灌木。叶互生，或在短枝上簇生，叶片倒卵状长圆形、长椭圆形或披针形，先端急尖，基部楔形，全缘。伞房花序生侧枝顶端，具花 5~15 朵；萼裂片三角形，先端渐尖；花瓣宽倒卵形至近圆形，先端圆钝或微凹，白色；雄蕊 20 个，与花瓣等长或稍短。蓇葖果。花期 5~6 月，果期 7~9 月。

产宁夏香山及西华山，多生于干旱的向阳山坡的灌丛中。分布于陕西、甘肃、青海、四川、西藏等省（自治区）。

（2）楼斗菜叶绣线菊 *Spiraea aquilegifolia* Pall.

灌木。花枝上的叶通常为倒卵形或狭倒三角形，先端 3~5 浅圆裂，基部楔形，不育枝上的叶通常为扇形，先端 3~5 浅圆裂，基部楔形。伞形花序无总梗，具花 3~6 朵；萼筒钟形，萼裂片三角形，先端急尖；花瓣近圆形，先端圆钝，白色；雄蕊 20 个，与花瓣近等长。蓇葖果。花期 5~6 月，果期 7~8 月。

产宁夏贺兰山、香山、罗山及同心、盐池县，生于石质山坡及干旱荒滩。分布于内蒙古、黑龙江、陕西、山西、甘肃等省（自治区）。

（3）绣球绣线菊 *Spiraea blumei* **G. Don.**

灌木。叶倒卵形、宽倒卵形至菱状椭圆形，先端钝，基部宽楔形或近圆形，边缘中部以上具缺刻状圆钝锯齿，或 3~5 浅裂，两面无毛；叶柄无毛。伞形花序着生于侧生小枝的顶端，具总花梗，具花 20~50 朵，花梗细，无毛；花萼裂片三角形，先端急尖，无毛；花瓣倒卵形白色，先端微凹；雄蕊约 20 个，较花瓣短或近等长。蓇葖果无毛，花柱顶生背部。花期 5~6 月，果期 7~8 月。

产宁夏六盘山，生于海拔 1800~2200m 的山坡灌丛或林缘。分布于辽宁、河北、山东、山西、河南、安徽、江苏、湖北、陕西、甘肃、四川、广西等省（自治区）。

（4）毛花绣线菊 *Spiraea dasyantha* **Bge.**

灌木。叶片菱状卵形，先端急尖或钝，基部楔形，边缘自基部 1/3 以上具羽状浅裂或深锯齿。伞形花序着生于侧枝顶端，具花 10~20 朵；萼裂片三角状卵形，先端急尖；花瓣宽倒卵形，先端微凹，白色；雄蕊 20 个，比花瓣短；蓇葖果。花期 5~6 月，果期 7~9 月。

产宁夏六盘山，生于山谷灌丛中。分布于内蒙古、辽宁、河北、山西、湖北、江苏、江西等省（自治区）。

（白瑞光 拍摄）

（5）疏毛绣线菊 *Spiraea hirsuta* (Hemsl.) Schneid.

灌木。叶片倒卵形或椭圆形，稀狭卵形，先端急尖或钝，基部楔形，边缘中部以上具粗锐锯齿。伞形花序着生于侧枝顶端，具花 20~40 朵，较紧密；萼裂片三角状卵形，先端急尖；花瓣宽倒卵形，白色，先端微凹，雄蕊约 20 个，短于花瓣。蓇葖果。花期 5~6 月，果期 7~9 月。

产宁夏六盘山及罗山，多生于海拔 1800~2200m 的山坡灌丛中。分布于河北、河南、山西、陕西、甘肃、湖北、湖南、江西、浙江、四川等省。

（6）金丝桃叶绣线菊 *Spiraea hypericifolia* L.

灌木。叶片倒卵状椭圆形、倒卵状披针形至狭楔形，先端圆钝，或先端具 3 个圆钝齿，基部渐狭。伞形花序无总梗，具花 7~11 朵；萼筒钟形，萼裂片三角形，先端稍钝；花瓣近圆形或倒卵形，先端圆，基部具短爪，白色；雄蕊 20 个，与花瓣几等长。蓇葖果。花期 5 月，果期 6~8 月。

产宁夏贺兰山及香山，生于向阳干旱山坡及灌丛中。分布于黑龙江、山西、内蒙古、陕西、甘肃、新疆等省（自治区）。

（7）蒙古绣线菊 *Spiraea mongolica* Maxim.

灌木。叶片长椭圆形或卵状长椭圆形，先端圆钝，具小尖头，基部楔形，全缘；叶柄无毛。伞形总状花序着生于侧枝顶端，花序具总梗；萼筒钟形，萼裂片三角形，先端急尖；花瓣近圆形，先端圆钝，白色；雄蕊 20，与花瓣近等长。蓇葖果被柔毛。花期 5~7 月，果期 7~9 月。

产宁夏贺兰山、罗山、南华山及六盘山，多生于向阳山坡灌丛中。分布于华北及河南、陕西、甘肃、青海、四川、西藏等省（自治区）。

（8）毛枝蒙古绣线菊 *Spiraea mongolica* Maxim. var. *tomentulosa* Yü

灌木。小枝暗红褐色，呈明显的之字形弯曲。叶片宽卵形、宽椭圆形、椭圆形至倒卵状椭圆形，先端圆，基部楔形、宽楔形至近圆形，全缘。伞形总状花序生侧枝顶端，具花 8~15 朵；萼筒钟形，萼裂片三角形；花瓣肾形，先端微凹，白色；雄蕊约 20 个，花盘圆环形，边缘具腺体。蓇葖果，宿存萼片直立。花期 5~6 月，果期 6~7 月。

产宁夏贺兰山，生于海拔 1700~2000m 的山坡灌丛中。分布于内蒙古自治区。

（9）土庄绣线菊 *Spiraea pubescens* Turcz.

灌木。叶片菱状倒卵形至菱状椭圆形，先端急尖或圆钝，基部楔形，边缘中部以上或1/3 以上具缺刻状牙齿。伞形花序着生于侧生小枝的顶端，具总花梗，具花 15~20 朵；萼片宽卵圆状三角形，先端急尖；花瓣近圆形，白色，先端钝圆或微凹；雄蕊 25~30 个，与花瓣等长或稍长。蓇葖果。花期 5~6 月，果期 7~9 月。

产宁夏六盘山、黄卯山及南华山，多生于海拔 1800~2200m 的山地灌丛、林缘及向阳山坡上。分布于黑龙江、吉林、辽宁、内蒙古、河北、河南、山西、陕西、甘肃、山东、湖北、安徽等省（自治区）。

（10）南川绣线菊 *Spiraea rosthornii* Pritz.

灌木。叶长椭圆形至卵状披针形，先端渐尖，基部楔形，边缘具缺刻状重锯齿和单锯齿。复伞房花序着生于侧枝顶端；萼筒钟形，萼裂片长卵形，较萼筒长，先端急尖；花瓣卵圆形至近圆形，雄蕊 20，子房被柔毛。花期 5~7 月，果期 7~8 月。

产宁夏六盘山，多生于沟底林缘和山坡杂木林中。分布于河南、陕西、甘肃、青海、四川、云南等省。

（11）珍珠绣线菊 *Spiraea thunbergii* Sieb. ex Blume

灌木。枝条细长开张，呈弧形弯曲，小枝有棱角。叶片线状披针形，先端长渐尖。基部狭楔形，边缘自中部以上有尖锐锯齿，两面无毛，具羽状脉；叶柄有短柔毛。伞形花序无总梗，具花 3~7 朵，基部簇生数枚小叶片；花梗细且无毛；萼筒钟状；萼片三角形或卵状三角形，先端尖；花瓣倒卵形或近圆形，先端微凹至圆钝，白色；雄蕊 18~20，长约花 1/3 或更短；花盘圆环形，由 10 个裂片组成；子房无毛或微被短柔毛，花柱几与雄蕊等长。蓇葖果。花期 4~5 月，果期 7 月。

银川市公园有栽培，供观赏用。原产华东。

（12）三裂叶绣线菊 *Spiraea trilobata* L.

灌木。叶片倒卵形、矩圆状椭圆形或近圆形，先端钝，常 3 裂或具数圆钝锯齿，基部圆形、楔形或近心形。伞形花序着生于侧生小枝的顶端，具花 6~15 朵；萼片三角形，先端尖；花瓣白色，宽倒卵圆形先端微凹；雄蕊 18~20 个，较花瓣短。蓇葖果无毛或沿腹缝线微具短毛。花期 5~6 月，果期 6~9 月。

产宁夏贺兰山及六盘山，生于向阳山坡灌丛中。分布于东北、华北及陕西、甘肃、新疆、河南、安徽等省（自治区）。

21. 山楂属 *Crataegus* L.

（1）甘肃山楂 *Crataegus kansuensis* Wils.

灌木或乔木。叶片宽卵形，边缘具尖锐重锯齿和 5~7 个不规则的羽状浅裂，裂片三角状卵形；托叶镰状，边缘具长短不等的腺齿，早落。伞房花序生侧枝顶端，具花 8~20 朵；萼筒宽钟形，萼裂片宽三角形，长为萼筒的 1/2；花瓣近圆形，白色；雄蕊约 20 个，较花瓣稍短；花柱 2~3 个。果实近球形，红色，小核 2~3 个。花期 5~6 月，果期 8~10 月。

产宁夏六盘山、罗山及南华山，多生于海拔 2200m 左右的山坡灌丛中或林缘。分布于甘肃、山西、河北、陕西、贵州和四川等省。

（2）山楂 *Crataegus pinnatifida* Bge.

落叶小乔木。具细刺，叶片三角状宽卵形，先端短渐尖或稍钝，基部截形至宽楔形，5~9 羽状深裂，裂片菱状倒卵形至菱形，边缘具不规则的细尖锯齿，齿端具腺体；托叶扇形，边缘具腺齿。伞房花序着生于侧生小枝的顶端，具花 12~20 朵；萼筒钟形；萼片三角状卵形，与萼筒近等长；花瓣近圆形或倒卵形，白色；雄蕊 20 个，较花瓣短；花柱 3~5。果实近球形，红色，花期 6 月，果期 9~10 月。

产宁夏六盘山及南华山，多生于山坡灌丛或林缘。分布于东北、华北及山东、河南、江苏等地。

（3）毛山楂 *Crataegus maximowiczii* Schneid.

灌木。枝灰褐色或紫褐色；刺长 1cm。叶片宽卵形，先端渐尖，基部楔形或宽楔形，边缘羽状 5 浅裂，裂片具重锯齿；托叶半月形或卵状披针形，边缘具腺齿，早落。复伞房花序顶生或腋生，具多花，萼筒钟形，萼裂片三角状披针形或三角状卵形；花瓣近圆形，白色；雄蕊 20 个，较花瓣短；花柱通常 2。果实近球形，红色，幼时被柔毛，果梗被长柔毛，具 3~5 小核。花期 5~6 月，果期 7~9 月。

产宁夏六盘山及贺兰山，多生于向阳山坡灌木丛中或路边。分布于辽宁、吉林、黑龙江、内蒙古等省（自治区）。

22. 木瓜海棠属　*Chaenomeles* Lindl.

皱皮木瓜 *Chaenomeles speciosa* (Sweet) Nakai

落叶灌木。具枝刺。叶片卵形至椭圆形，稀长椭圆形，先端急尖或圆钝，基部楔形至宽楔形，边缘具尖锐细锯齿，齿尖开展；托叶叶状，卵圆形或肾形，较大，边缘具尖锐重锯齿。花 2~6 朵簇生于二年生枝上；萼筒钟形，萼裂片直立，近半圆形，长为萼筒之半，先端圆钝或微凹，边缘浅波状；花瓣近圆形或倒卵形，红色或淡红色；雄蕊 35~50 个；花柱 5，柱头头状。梨果球形至卵形，黄色或黄绿色。花期 4 月下旬，果期 10 月。

宁夏多见栽培。分布于陕西、甘肃、四川、贵州、云南、广东等省。

23. 苹果属 *Malus* Mill.

（1）山荆子 *Malus baccata* (L.) Borkh.

乔木。叶片椭圆形、卵形或卵状披针形，先端渐尖或尾状渐尖，基部楔形或圆形，边缘具细锐锯齿，幼时沿叶脉疏被毛或近无毛。花序近伞形，具 4~8 朵花；萼筒外面光滑，萼裂片狭披针形，外面无毛；花瓣长圆形或卵形，白色或淡红色；雄蕊 15~20 个，不等长；花柱 5。果实近球形，红色或黄色，萼片脱落。花期 5 月，果期 6~9 月。

产宁夏六盘山，多生于海拔 2200m 左右的山地灌丛或杂木林中。分布于东北、华北及河南、陕西、甘肃等地。

（2）陇东海棠 *Malus kansuensis* (Batal.) Schneid.

灌木或小乔木。叶片卵形或宽卵形，通常 3 浅裂，裂片三角状卵形，先端渐尖，基部圆形、截形或微心形，边缘具细锐重锯齿，表面无毛或疏被短柔毛，背面被短柔毛。伞形总状花序具 4~10 朵花；萼裂片三角状卵形；花瓣倒卵形，基部具短爪，白色；雄蕊 20 个；花柱 3，稀 2 或 4。果实椭圆球形或倒卵形，黄红色。花期 5~6 月，果期 7~8 月。

产宁夏六盘山，多生于海拔 2100~2300m 的山坡林下、林缘或路边。分布于陕西、甘肃、河南、四川等省。

（3）毛山荆子 *Malus manshurica* (Maxim.) Kom.

乔木。枝紫褐色。芽卵形，红褐色，毛或仅鳞片边缘微有短柔毛。叶片卵形、椭圆形至倒卵形，先端急尖或渐尖，基部楔形或近圆形，边缘具细锯齿，基部近全缘，背面沿叶脉具短柔毛或近无毛；叶柄疏被短柔毛。伞形花序具花 3~6 朵，无总梗；花梗，疏被短柔毛；萼筒外面疏生短柔毛，萼裂片披针形，稍长于萼筒；花瓣长倒卵形，白色；雄蕊 30，不等长；花柱 4，稀 5，基部被绒毛。果实椭圆形或倒卵形，红色。花期 5~6 月，果期 8~9 月。

产宁夏六盘山，生于山坡杂木林缘或山坡。分布于辽宁、吉林、黑龙江、内蒙古、山西、甘肃等省（自治区）。

（4）花叶海棠 *Malus transitoria* (Batal.) Schneid.

灌木或小乔木。叶片卵形或宽卵形，先端急尖或稍钝，基部宽楔形、圆形或微心形，边缘常 5 深裂，裂片椭圆形或狭倒卵形，边缘具细钝锯齿。伞形花序具 5~6 朵花；萼筒外面密被绒毛，萼裂片卵状披针形，稍短于萼筒，里外两面被绒毛；花瓣近圆形或卵形，白色；雄蕊 20~25 个，不等长，稍短于花瓣；花柱 5。梨果椭圆形，红色。花期 6 月，果期 8~9 月。

产宁夏贺兰山、罗山、南华山和云雾山，多生于海拔 2300~2500m 的阴坡或半阴坡杂木林中。分布于内蒙古、甘肃、青海、四川等省（自治区）。

24. 栒子属　*Cotoneaster* B. Ehrhart

（1）匍匐栒子 *Cotoneaster adpressus* Bois

匍匐灌木。茎平铺，具不规则分枝，枝细瘦，红褐色至暗褐色。叶片宽卵形或倒卵形，先端圆钝或稍急尖，基部楔形，边缘全缘，呈波状。花 1~2 朵，几无梗，萼筒钟形，萼裂片卵状三角形，先端急尖；花瓣开花时直立，倒卵形，长宽几相等，先端微凹或圆钝，粉红色；花柱 2。果实近球形，鲜红色，无毛，具 2 小核，稀 3 小核。花期 5~6 月，果期 8~9 月。

产宁夏六盘山、罗山及固原市原州区，生于海拔 1900~2600m 山坡灌丛、林缘及石质山坡。分布于陕西、甘肃、青海、湖北、四川、贵州、云南、西藏等省（自治区）。

（2）灰栒子 *Cotoneaster acutifolius* Turcz.

灌木。叶片椭圆形、卵状椭圆形或倒卵状椭圆形，先端渐尖或急尖，基部宽楔形至近圆形，上面深绿色，下面淡绿色，被柔毛。聚伞花序具 2~7 朵花，萼筒钟形，外面密被柔毛，萼片宽三角形，先端急尖，外面被柔毛，里面沿边缘密被柔毛；花瓣倒卵形，粉红色，直伸；雄蕊 17~20 个；花柱 2。果实倒卵形黑色，具 2 小核。花期 5 月，果期 6 月。

产宁夏六盘山、贺兰山和罗山，多生于海拔 2200~2400m 的灌木丛中。分布于华北及河南、湖北、陕西、甘肃、青海、西藏等地。

（3）川康栒子 *Cotoneaster ambiguus* **Rehd. et Wils.**

灌木。叶片菱状椭圆形或椭圆形，先端渐尖或急尖，基部宽楔形，两面无毛或背面具极稀疏的柔毛。聚伞花序具花 5~10 朵；萼筒钟形，萼片三角形，先端急尖；花瓣近圆形，先端圆钝，直伸，白色；雄蕊 20，稍短于花瓣；花柱 2~5。果实卵形或近球形，黑色，具 2~3 小核。花期 6 月，果期 8~9 月。

产宁夏六盘山，多生于海拔 1800~2200m 的山坡灌丛或林缘。分布于陕西、甘肃、四川、贵州、云南等省。

（4）麻核栒子 *Cotoneaster foveolatus* **Rehd. et Wils.**

落叶灌木。叶椭圆形、菱状椭圆形或卵状椭圆形，先端渐尖或急尖，基部宽楔形，两面具平伏柔毛。聚伞花序具 3~7 朵花，花梗萼筒钟形，外面被柔毛，里面无毛，萼片三角形，先端急尖，外面被柔毛，里面沿边缘密生柔毛；花瓣近圆形或倒卵形，先端圆钝，粉红色，直伸；雄蕊 15~17 个，短于花瓣；花柱通常 3（2~5）。果实近球形，黑色，小核 3~4，背部具槽或小四点。花期 6 月，果期 7~9 月。

产宁夏六盘山，多生长海拔 2300m 左右的山坡灌丛、林缘或山谷路旁。分布于陕西、甘肃、湖北、湖南、四川、贵州、云南等省。

（5）细弱栒子 Cotoneaster gracilis Rehd. et Wils.

落叶灌木。叶片卵形至长卵形，先端急尖或圆钝，具小尖头，基部圆形至宽楔形，上面绿色，叶脉稍下陷，疏被柔毛，下面淡绿色，被棕色柔毛；聚伞花序具花 2~6 朵；萼筒钟形，紫红色，萼裂片卵形，圆钝；花瓣近圆形，粉红色，直伸；雄蕊 20 个，较花瓣短；花柱 2。果实红色，具 2 小核。花期 6~7 月，果期 8~9 月。

产宁夏六盘山、贺兰山及罗山，生于海拔 1000~3000m 山坡灌丛中。分布于陕西、甘肃、湖北、四川等省。

（6）全缘栒子 Cotoneaster integerrimus Medic.

落叶灌木。叶片宽椭圆形或卵形，先端圆钝或微凹，基部圆形，上面绿色，无毛或微被柔毛，叶脉稍下凹，下面灰绿色，密被白色绒毛。聚伞花序具花 2~8 朵；萼筒钟形，萼裂片卵状三角形，先端急尖，外面无毛，里面沿边缘具毛；花瓣近圆形，粉红色，直伸；雄蕊 20 个，与花瓣近等长；花柱通常 2。果实红色，无毛，具 2 小核。花期 6 月，果期 7~8 月。

产宁夏贺兰山及罗山，生于海拔 2200~2500m 的向阳山坡及林缘灌丛中。分布内蒙古、新疆、河北等省（自治区）。

（7）黑果栒子 _Cotoneaster melanocarpus_ Lodd.

落叶灌木。叶片卵状椭圆形至宽卵形，先端圆钝或微凹，具小尖头，基部圆形，上面绿色，疏被长柔毛或老时无毛，下面灰绿色，密被白色绒毛。聚伞花序具花 3~15 朵；萼筒钟状，萼裂片三角形，先端圆钝；花瓣近圆形，先端圆形，粉红色，直伸；雄蕊 20 个，短于花瓣；花柱 2，离生，子房顶端具柔毛。果实近球形或宽倒卵形，黑色，含 2 小核。花期 6~7 月，果期 7~9 月。

产宁夏贺兰山及罗山，生于海拔 2200~3000m 的山坡、疏林和灌木丛中。分布于内蒙古、黑龙江、吉林、河北、甘肃、新疆等省（自治区）。

（8）水栒子 _Cotoneaster multiflorus_ Bge.

落叶灌木。叶片卵形、宽卵形至卵状椭圆形，先端急尖或钝圆，基部宽楔形，上面绿色，下面淡绿色。聚伞花序具花 5~10 朵，花梗萼筒钟形，萼片三角形，先端钝或急尖；花瓣近圆形，白色；雄蕊 18 个，稍短于花瓣；花柱 2。果实红色，近球形或倒卵形，具 1 小核。花期 6 月，果期 7~8 月。

宁夏贺兰山、罗山、六盘山、南华山均有分布，多生于海拔 1800~2500m 林缘及灌木丛中。分布于东北、华北、西北及西南。

（9）准噶尔栒子 *Cotoneaster soongoricus* (Regel et Herd.) Popov

灌木。叶片卵形至椭圆形，先端圆钝具小突尖，基部圆形至宽楔形，上面绿色，无毛或具稀疏柔毛，背面灰绿色，密被白色绒毛。聚伞花序具花 3~5 朵，萼筒钟形，被绒毛，萼片三角形，先端急尖，外面被绒毛，里面无毛或近无毛；花瓣近圆形至宽卵形，白色；雄蕊18 个，短于花瓣；花柱 2。果实卵形至椭圆形，红色，被稀疏柔毛，具 1~2 小核。花期 6 月，果期 7 月。

产宁夏贺兰山、罗山、香山，多生于海拔 2000~2300m 的干旱山坡及山谷林缘。分布于内蒙古、甘肃、新疆、四川、西藏等省（自治区）。

（10）毛叶水栒子 *Cotoneaster submultiflorus* Popov

灌木。叶片菱状卵形或卵形，先端圆钝或急尖，基部宽楔形，上面无毛或被极稀的柔毛，下面被短柔毛。聚伞花序具花 3~8 朵；萼筒钟形，外面疏被柔毛，萼片宽三角形，先端急尖，外面疏被柔毛；花瓣近圆形，白色；雄蕊 20 个，短于花瓣；花柱 2，离生。果实红色，球形，内含 1 个小核。花期 6 月，果期 6~7 月。

产宁夏六盘山及贺兰山，生于海拔 2000~2200m 的林缘、河边、沟底及山坡灌丛中。分布于内蒙古、山西、陕西、甘肃、青海、新疆等省（自治区）。

（11）细枝栒子 *Cotoneaster tenuipes* Rehd. et Wils.

落叶灌木。叶片狭卵状椭圆形或卵形，先端急尖或稍钝，基部宽楔形至近圆形，上面无毛或疏被平铺绒毛。聚伞花序具 2~4 朵花，萼筒钟形，萼裂片卵状三角形，先端急尖；花瓣近圆形；雄蕊 15 个；花柱 2，离生，短于雄蕊。果实黑色，具 1~2 个小核。花期 6 月，果期 7~9 月。

产宁夏贺兰山，生于海拔 1600~2000m 左右的向阳山坡或灌木丛中，分布于甘肃、青海、四川、云南等省。

（12）西北栒子 *Cotoneaster zabelii* Schneid.

落叶灌木。叶片椭圆形，先端圆钝，基部圆形，上面绿色，稀具平铺长柔毛，下面灰白色，密被白色绒毛。聚伞花序具花 3~7 朵；萼筒钟形，外面密被绒毛，萼裂片三角形，先端稍钝或具短尖头，外面被绒毛，里面沿边缘具绒毛；花瓣近圆形，淡红色，直伸；雄蕊 18 个，较花瓣短；花柱 2。果实鲜红色，含 2 小核。花期 6 月，果期 7~8 月。

产宁夏贺兰山、罗山、香山及六盘山，多生于海拔 1000~2500m 半阴坡灌丛中。分布于河北、山西、山东、河南、陕西、甘肃、青海、湖南、湖北等省。

25. 梨属 *Pyrus* L.

（1）杜梨 *Pyrus betulifolia* Bge.

乔木，枝常具刺。叶片菱状卵形至长圆卵形，先端渐尖，基部宽楔形，稀近圆形，边缘有粗锐锯齿；托叶膜质，线状披针形。伞形总状花序，有花 10~15 朵；花萼筒外密被灰白色绒毛；萼片三角卵形，先端急尖，全缘，内外两面均密被绒毛；花瓣宽卵形，先端圆钝，基部具有短爪。白色；雄蕊 20，花药紫色，长约花瓣之半；花柱 2~3。果实近球形，褐色。花期 4 月，果期 8~9 月。

产宁夏六盘山及银川各市县，生于平原或山坡阳处。分布于辽宁、河北、河南、山东、山西、陕西、甘肃、湖北、江苏、安徽和江西等省。

（2）木梨 *Pyrus xerophila* T. T. Yu

乔木。叶卵形或长卵形，先端渐尖，基部圆，具钝锯齿，两面均无毛或萌蘗叶片具柔毛，托叶膜质，线状披针形。伞形总状花序，有 3~6 花。萼片三角状卵形，外面无毛，内面具绒毛：花瓣宽卵形，具短爪，白色；雄蕊 20，稍短于花瓣；花柱 5，稀 4，和雄蕊近等长。果卵球形或椭圆形，褐色。花期 4 月，果期 8~9 月。

产宁夏六盘山。生海拔 500~2000m 山坡、灌木丛中。分布于山西、陕西、河南、甘肃、河南和西藏等省（自治区）。

26. 花楸属 *Sorbus* L.

（1）北京花楸 *Sorbus discolor* (Maxim.) Maxim.

乔木。奇数羽状复叶，具 9~13 片小叶，小叶片长椭圆形至长椭圆状倒披针形，基部 1 对小叶片较小，先端急尖或短渐尖，基部偏斜，边缘 1/3~1/4 以上具细锐锯齿。复伞形花序着生于侧生短枝的顶端，具多花；萼筒钟形，萼裂片三角形；花瓣卵形或长圆卵形，先端圆钝，白色；雄蕊 15~20 个，长为花瓣之半；花柱 3~4。果实卵圆形，乳白色或淡黄色。花期 5 月，果期 7~9 月。

产宁夏六盘山，生于海拔 2000m 左右的山坡杂木林中。分布于河北、河南、山西、山东、甘肃和内蒙古等省（自治区）。

（2）湖北花楸 *Sorbus hupehensis* Shneid.

乔木。奇数羽状复叶，具小叶 5~6 对，小叶片长椭圆形，先端急尖，基部近圆形至宽楔形，偏斜，边缘 1/3 以上具尖锐锯齿。复伞房花序着生于侧生短枝的顶端，具多花；萼筒钟形，萼裂片三角形；花瓣卵形，先端圆，白色；雄蕊 20 个，长约为花瓣的 1/3；花柱 4~5。果实近球形，白色。花期 5~6 月，果期 7~9 月。

产宁夏六盘山，生于海拔 2000~2200m 的阴坡杂木林中。分布于河南、陕西、甘肃、青海、山东、江西、安徽、湖北、四川、贵州等省。

（3）陕甘花楸 *Sorbus koehneana* Schneid.

灌木或小乔木。奇数羽状复叶，具小叶 17~29 枚，长椭圆形或长椭圆状披针形，先端急尖或圆钝，基部通常圆形，稀宽楔形，偏斜，边缘具细锐锯齿，基部全缘。复伞房花序着生于侧生短枝的顶端，具多数花；萼筒宽钟形，被白色柔毛，萼裂片三角形；花瓣卵形，先端圆形；雄蕊 20 个，长为花瓣的 1/3；花柱 5。果实球形，白色。花期 6~7 月，果期 8~9 月。

产宁夏六盘山，生于海拔 2000~2700m 的杂木林中。分布于山西、河南、陕西、甘肃、青海、湖北、四川等省。

参考文献

程积民, 朱仁斌. 2014. 六盘山植物图志 [M]. 北京：科学出版社

黄璐琦, 李小伟. 2017. 贺兰山植物资源图志 [M]. 福州：福建科技出版社

李小伟, 曹兵, 秦伟春, 等. 2010. 宁夏被子植物分布新资料 [J]. 西北植物学报, 030(005):1060-1062

李小伟, 吕小旭, 杨君珑. 2017. 宁夏 5 种被子植物分布新记录 [J]. 农业科学研究, 038(004):94-96

刘夙, 刘冰. 多识植物 [OL]. http://duocet.ibiodiversity.net

马德滋, 刘惠兰, 胡福秀. 2007. 宁夏植物志. 2 版 (上卷) [M]. 银川：宁夏人民出版社

袁彩霞, 余杨春, 丁锐, 等. 2016. 宁夏豆科植物 1 新记录属及 2 新记录种 [J]. 宁夏大学学报：自然科学版, 37(4):466-469

张明理, 康云, Podlech D. 2009. 豆科蔓黄耆属 Phyllolobium 及其属下组的分类. 兰州大学学报：自然科学版, 45(2), 75-78

中国科学院中国植物志编辑委员会. 1990. 中国植物志, 第二十七卷 [M]. 北京：科学出版社

中国科学院中国植物志编辑委员会. 1990. 中国植物志, 第二十八卷 [M]. 北京：科学出版社

中国科学院中国植物志编辑委员会. 1990. 中国植物志, 第二十九卷 [M]. 北京：科学出版社

中国科学院中国植物志编辑委员会. 1996. 中国植物志, 第三十卷第一分册 [[M]. 北京：科学出版社

中国科学院中国植物志编辑委员会. 1990. 中国植物志, 第三十四卷第一分册 [M]. 北京：科学出版社

中国科学院中国植物志编辑委员会. 1990. 中国植物志, 第三十四卷第二分册 [M]. 北京：科学出版社

中国科学院中国植物志编辑委员会. 1995. 中国植物志, 第三十五卷第一分册 [M]. 北京：科学出版社

中国科学院中国植物志编辑委员会. 1974. 中国植物志, 第三十六卷 [M]. 北京：科学出版社

中国科学院中国植物志编辑委员会. 1985. 中国植物志, 第三十七卷 [M]. 北京：科学出版社

中国科学院中国植物志编辑委员会. 1986. 中国植物志, 第三十八卷 [M]. 北京：科学出版社

中国科学院中国植物志编辑委员会. 1988. 中国植物志, 第三十九卷 [M]. 北京：科学出版社

中国科学院中国植物志编辑委员会. 1994. 中国植物志, 第四十卷 [M]. 北京：科学出版社

中国科学院中国植物志编辑委员会. 1995. 中国植物志, 第四十一卷 [M]. 北京：科学出版社

中国科学院中国植物志编辑委员会. 1993. 中国植物志, 第四十二卷第一分册 [M]. 北京：科学出版社

中国科学院中国植物志编辑委员会. 1998. 中国植物志, 第四十二卷第二分册 [M]. 北京：科学出版社

中国科学院中国植物志编辑委员会. 1998. 中国植物志, 第四十三卷第一分册 [M]. 北京：科学出版社

中国科学院中国植物志编辑委员会 . 1997. 中国植物志，第四十三卷第三分册 [M]. 北京：科学出版社

中国科学院中国植物志编辑委员会 . 1985. 中国植物志，第四十七卷第一分册 [M]. 北京：科学出版社

中国科学院中国植物志编辑委员会 . 1998. 中国植物志，第四十八卷第二分册 [M]. 北京：科学出版社

中国科学院中国植物志编辑委员会 . 2000. 中国植物志，第五十三卷第二分册 [M]. 北京：科学出版社

朱强，王鸿，田英，等 . 2010. 宁夏被子植物 2 个新记录种 [J]. 西北植物学报 (12):2561-2563

朱仁斌，程积民，张宝泉，等 . 2013. 宁夏 4 种新记录植物（二）[J]. 西北植物学报，33(9): 1930-1932

朱宗元，梁存柱 . 2011. 贺兰山植物志 [M]. 银川：阳光出版社

Wu Z Y, Raven P H. 2001.Flora of China: Vol. 6[M]. Beijing: Science Press and Missouri Botanical Garden

Wu Z Y, Raven P H. 2008.Flora of China: Vol. 7[M]. Beijing: Science Press and Missouri Botanical Garden

Wu Z Y, Raven P H. 2001.Flora of China: Vol. 8[M]. Beijing: Science Press and Missouri Botanical Garden

Wu Z Y, Raven P H. 2003. Flora of China: Vol. 9[M]. Beijing: Science Press and Missouri Botanical Garden

Wu Z Y, Raven P H. 2010. Flora of China: Vol. 10[M]. Beijing: Science Press and Missouri Botanical Garden

Wu Z Y, Raven P H. 2008.Flora of China: Vol. 11[M]. Beijing: Science Press and Missouri Botanical Garden

Wu Z Y, Raven P H. 2007.Flora of China: Vol. 12[M]. Beijing: Science Press and Missouri Botanical Garden

Wu Z Y, Raven P H. 2007.Flora of China: Vol. 13[M]. Beijing: Science Press and Missouri Botanical Garden

Wu Z Y, Raven P H. 2011. Flora of China: Vol. 19[M]. Beijing: Science Press and Missouri Botanical Garden